刘江 著

老年大学
摄影后期制作教程

浙江摄影出版社

老年大学摄影后期制作教程

编者的话

　　著名摄影家莫霍利-纳吉早就断言："在不久的将来，不会摄影的人，就像不会写字的文盲一样！"他说的"将来"正是数码摄影普及的当下。21世纪是"读图时代"，图像已成为这个时代最醒目的标志，只要睁开眼睛，各种图像便扑面而来，挥之不去。数码照相机的普及，使"人人都是摄影者"变得轻而易举。摄影已成为现代生活不可或缺的组成部分，无论是亲朋聚会、儿童成长、旅游纪念、婚礼庆典，还是反映生活、表达情感、记录历史、捕捉瞬间，摄影无处不在，其独特的艺术品质是其他任何艺术都难以替代的。摄影具有太多的功能和意义，其真实性、瞬间性、可复制性和传播性，以及独特的社会属性和审美价值奠定了它在艺术花园中的非凡地位。

　　摄影既是科学，也是艺术，其双重性决定了摄影是一门需要学习的技艺。除了懂得使用照相机，还要学会用照相机来反映世界与表达个人思想和情感，这是一个不断学习和成长的过程。因此，针对目前老年大学摄影教学特点，编写一套适合老年大学学员循序渐进、从基础到提高、学习和掌握摄影技艺并能灵活应用的配套教材，便成为我们努力追求的目标。

　　本书作者刘江是山西省老年大学资深教师，从事老年大学摄影教学工作多年，具有扎实的摄影专业知识和丰富的摄影教学经验，也创作了一批具有专业水准的摄影作品，多次荣获国内外摄影专业奖项。刘老师将自己多年积累的摄影专业知识和教学经验加以总结，编写成适合老年大学学员学习的摄影基础知识读物，语言通俗易懂，阅读轻松明了，配以赏心悦目的摄影作品进行知识讲解，是老年学员学习摄影的一本很好的入门读物。

教材以"基础篇""去灰调色篇""题材篇"和"特效篇"这四个板块，从摄影后期制作基本知识、去灰调色技术、主要题材处理技术和特效制作技巧四方面将摄影后期制作技术作了细致、精到的讲解，使读者对摄影后期制作知识和技能有一个全面深刻的认识，为进一步提升摄影技艺打下扎实的基础。

在编写教材过程中，我们充分考虑老年大学学员在知识结构、学习起点及接受程度方面参差不齐的特点，将摄影知识点与作品案例结合进行分析讲解，将难懂的摄影术语通过生动的图例进行解析，使读者在欣赏作品过程中加以体会、理解和掌握，并在摄影实践中进一步熟练运用。

学习摄影需要长期不懈的努力和坚持，而且边学习边操作是提高摄影知识和技术水平的重要途径，所谓"多看多练，教学相长"。相信经过一段时间的学习和实践，人人都会从"菜鸟"成长为"大师"。

我们非常感谢《人民摄影》报对本教材在编写中所给予的大力支持，本书也十分荣幸地成为《人民摄影》报的推荐教材。

编　者

2016年2月

前 言

在摄影交流活动中，有一些摄影人在讲解自己的图片时，一定会强调："我的照片没有经过PS，是直接拍出来的。"这句话的言外之意是：我的照片是原始的，真实的，而那些比我好看的都是PS后期制作的，甚至认为PS就是造假。

有这种认识，我想原因有二：第一，对摄影的全过程认识不够，误认为摄影没有后期，PS就是篡改影像；第二，近年来，弄虚作假的影像事件时有发生，令人深恶痛绝，致使当人们面对一幅接近完美的照片时，总会情不自禁地问一句：不会又是"P"的吧？

那么，摄影的全过程是怎样的？后期制作又包含了哪些内容？

摄影的全过程包括前期和后期，即前期的拍摄和后期的制作。美国摄影大师安塞尔·亚当斯曾说"前期是谱曲，后期是演奏"，再好的曲子，如果演奏得不好，作品就无法完美呈现，所以前期和后期同等重要。

传统胶片摄影的后期，是指拍摄结束之后的所有操作，比如冲洗胶片时对温度、时间、药液浓度等的控制，放大时对影像局部的加光、遮光等技术处理，以及对影像进行适当裁剪、局部修饰、多底合成等操作。传统摄影时代的后期制作由于门槛高，必须依靠专业的技术人员并借助一些先进的设备（如放大机、彩扩机等）才能完成，所以那时的摄影人一般只完成前期拍摄，后期往往交给做后期的专业部门（如图片社、彩扩店等）去帮助完成。正因为摄影人很少参与后期制作，才使大众误以为传统摄影时代不需要后期制作。

数码摄影的后期，指的是所有改变照片原始记录的操作，一方面包括通过电脑后期处理软件修改照片的操作，另一方面也包括了对数码相机照片风格和艺术滤镜的设置。也就是说，你在相机上任意设置一种照片风格，其实就进行了"后期"处理，因为大多数数码相机都是先捕获彩色图像，然后再通过机内处理转换为预先设定的效果，这与PS后期没有本质区别。

今天的后期完全摆脱了"暗房"的种种限制，被一台普通电脑和一个Photoshop软件所取代，后期的参与权和主动权交还给每一个拍摄者。后期制作的简单、方便，也使得人人都有可能成为"暗房"大师。

我们知道，数码影像的最大特点是"又灰又软"，只有通过后期"去灰去软"的调整，才能再现景物的原貌。所以，对于今天的摄影师来说，不懂后期制作，不会后期制作的，一定不是一个合格的摄影师。

但是，精通后期软件的使用，并不等于精通摄影的后期制作。后期制作照片，首先要具备一定的摄影基础知识（比如曝光、色彩、用光等知识），要懂得各种摄影题材的特点和制作规矩（比如新闻纪实类照片不允许后期进行添加、合成、删减等操作）；其次，要结合摄影师的表达意图分析照片，拿出最优化的制作方案；最后，依靠熟练的后期制作技术，将作品完美地呈现出来。

数字时代的后期制作软件"Photoshop"，简称"PS"，已经成为大众广泛议论的话题，大众对PS深恶痛绝，并非PS之过，而是针对那种用PS篡改真相、违背事实、欺骗公众、谋取私利的低级行为。PS是科技发展的产物，和数码相机一样，都是我们进行艺术表达的有利工具。只有正确熟练地运用PS去帮助我们有效地阐述观点、表达态度、传递情感等，才是我们努力的方向。

刘 江

2016年1月

CONTENTS
目 录

01 基础篇

02 去灰调色篇

03

题材篇

04

特效篇

01 PART

基础篇

　　摄影包括前期拍摄和后期制作。在传统摄影时代，后期制作是在暗室依靠微弱的红光进行的，因为工艺烦琐，掌握难度较大，所以普通摄影者通常把拍完的胶卷交给图片社，让暗房技师去完成后期制作，如冲洗胶卷、显影、定影等。在数码摄影时代，电脑取代了传统暗房，只要在自己的电脑里装上"Photoshop"图像处理软件，学习一些基本的制作方法，就可以独立完成摄影的后期工序了。

　　"Photoshop"是图像处理最重要的工具，它具有很多控制面板和菜单命令，功能非常强大，可以轻松地完成各种高难度的合成工作。但是，这么一个强大的工具，我们能学会操作使用吗？

　　答案是肯定的。而学习是一个循序渐进的过程，应该从最基本、最简单开始，然后逐步深入，直至游刃有余。

　　本篇立足基础，让学员先对Photoshop有一个初步认识，然后学一些简单处理照片的方法。学着、学着，你会发现运用Photoshop制作图片，是一件很有意思的事。

《出航》 吴国华 摄影

尼康 D800 感光度 IS○800 光圈 F13 曝光时间 1/500s −0.3Ev

第一章 基本操作

第一节 认识 Photoshop

Photoshop 界面可分为 5 个区域：菜单栏、当前所选工具属性栏、工具箱、图片编辑区域和各种功能面板。如图 1–1 所示。

图 1–1 《红日》 刘江　摄影
佳能 5D MarkII 感光度 ISO1000 光圈 F11 曝光时间 1/60S 0Ev

菜单栏

位于界面最顶端，各菜单分别有：文件（F）、编辑（E）、图像（I）、图层（L）、类型（Y）、选择（S）、滤镜（T）、3D（D）、视图（V）、窗口（W）、帮组（H）。每个菜单都有下拉菜单和子菜单，以供各种编辑所用。调整摄影图片，最常用的菜单为图像→调整→……如图 1–2 所示。

图 1-2

图 1-3

当前所选工具属性栏

位于菜单栏下方，显示当前所选用工具的属性，以供选择和调整。工具不同，此栏中的内容也不同。例如，在工具箱中选择（点击）裁剪工具，那么相应的"当前工具属性栏"内容就自动变为"裁剪工具属性栏"，显示有关裁剪工具的内容，如图 1-3 所示。

工具箱

位于界面最左侧，存放有各种工具。只要把鼠标放在每个工具上停留几秒钟，工具的名称就会自动显示出来。工具右下角的倾斜小三角，表示此工具内

图 1-4　　　　　图 1-5　　　　　　　　　　　　图 1-6

还有几种类似的工具，单击鼠标右键可以查看，如图 1-4 所示。

图片编辑区域

位于界面中心，显示被打开的图片，如图 1-1 所示，界面中心显示打开图片的区域属于图片编辑区域。

各种功能面板

位于界面最右侧。功能面板的内容可以在菜单栏"窗口"菜单里进行勾选，同时可以利用鼠标拖曳调整其组合、顺序和排列方式，如图 1-5 所示。

Photoshop CS6 和 Photoshop CC 中内置了几种默认的工作区，同时也可以创建或保存自己的工作区。如果主要用于照片的调整，可以将工作区切换到"摄影"，如图 1-6 所示。

第二节　打开图片

在 Photoshop 中打开要处理的图片，方法有三种。

第一种方法

1. 在电脑中选择要处理的图片。

2. 选中待处理的图片，单击鼠标右键，在"打开方式"中寻找并选中"Photoshop"即可。

如图 1-7 所示，以 Photoshop CC 为例，先在"我的电脑"中找到要处理的图片，然后对此图片单击鼠标右键，在"打开方式"中选中"Photoshop CC"即可。

图 1-7

第二种方法

1. 先启动 Photoshop。

2. 执行"文件→打开"命令，如图 1-8 所示。在电脑中寻找到需要处理的图片，然后双击此图片或者点击右下角"打开"命令即可。

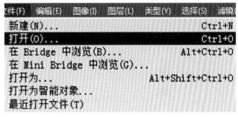

图 1-8

第三种方法

1. 在电脑中选出要处理的图片。

2. 将此图片直接"拖曳"到 Photoshop 的应用程序图标上即可。（"拖曳"是指持续按住鼠标左键进行拖曳。）

如果被打开的图片文件是 RAW 格式，那么在完全进入到 Photoshop 界面前，还有一个如图 1-9 所示的对话框，点击右下角的"打开对象"即可。

图 1-9

无论使用哪种方法，都可以在 Photoshop 里打开待处理的图片。

第三节 图片的保存及存储格式

图片的保存

在 Photoshop 中对图片调整结束后，需要进行保存。

1. 执行"文件"→"存储为"命令，如图 1-10 所示。

2. 参照图 1-11，在"存储为"界面中进行如下设置：

①选择存储的位置；

②在"文件名"中给图片起个名字；

③在"保存类型"中选择图片存储的格式；

图 1-10

图 1-11

④最后点击下面右边的"保存"。

图片存储格式及选择

在保存图片时，主要使用的格式有3种：JPG（JPEG）格式、TIF（TIFF）格式和 PSD 格式。

JPG（JPEG）格式

JPG（JPEG）格式是一种有损压缩格式。缺点是宽容度小，色彩空间小，细节层次少。优点是文件量小，兼容性高，上传、接收、打开非常方便。在 Photoshop 的存储界面里，能看到 0~12 级品质选项，如图 1-12 所示。如果用于作品的保存，最好选用最高的"12"；如果用于作品的分享，可以选择"6~10"以减小文件的容量，最后点击"确定"就完成了保存。

在 JPG（JPEG）格式的存储界面里，除了"图像选项"可以选择画质之外，下面还有一个"格式选项"，这个选项的功能，主要是改变影像在浏览器里的呈现方式。如果图片是用来输出的，那么格式选项就选择"基线标准"，后面的选项几乎没有什么意义。

TIF（TIFF）格式

TIF（TIFF）格式是一种高质量图像格式，支持无损压缩。缺点是文件量大，读取和存储速度慢，不适合网络分享传播。因 TIF（TIFF）格式具有最大的宽容度、最大的色彩空间和最多的图像细节层次，所以被广泛应用于出版、印刷以及艺术微喷等高端输出领域。如果作品用于出版或者高质量的输出，一定要选择 TIF（TIFF）格式，如图 1-13 所示。最后直接点击"确定"，就完成了保存。

图 1-12

PSD 格式

PSD 格式是 Photoshop 的专用格式。除了记录照片信息外，还能保存调整过程中生成的图层、通道、路径等信息。在下次打开时，仍可以继续调整或者重新调整。如果图片没有处理完，或因为有急事必须终止，希望过段时间继续调整，那么就选择 PSD 格式保存图片。

需要注意的是，用 PSD 格式存储的图片只能在 Photoshop 软件中打开。

图 1-13

第四节 缩放工具和常用快捷键

缩放工具

在 Photoshop 里，无论是鉴别一张图片的质量，还是对图片局部的修改和调整，为了让判定结果准确，修改后天衣无缝，不留痕迹，我们都必须将照片

图 1-14 《我的父母》 刘江 摄影
尼康 F75 感光度 ISO200 光圈 F8 曝光时间 1/60s 0Ev

放大到一定比例再进行操作。

工具箱里的"缩放工具"用于图片的放大和缩小，"缩放工具"图标外形像放大镜，如图 1-14 红框 1 所示。

1. 单击"缩放工具"即选用，此时鼠标就变成像放大镜一样的图标，查看"当前所用工具属性栏"，如图 1-14 红框 2 所示，如果图标内部是"+"，表示放大，"-"表示缩小。在工具属性栏中选择放大或缩小工具，然后对着界面中心打开的图片单击，就实现了图片的放大或缩小。

2. 键盘上的"Alt"键是放大和缩小的快捷切换键，按下或放开键盘上的"Alt"键，可以实现放大或缩小的快速切换。

3. 图片放大后，按着键盘上的空格键，此时的鼠标就变成"临时抓手"工具，然后拖动鼠标就可以移动放大后的图片来查看任何局部，请读者动手操作一下此步骤。

常用快捷键

下面所述的快捷键适用于 Windows 版本，苹果 Macos 系统用户请将【Ctrl】

换为【COMMAND】。

工具

矩形、椭圆选框工具【M】

裁剪工具【C】

移动工具【V】

套索、多边形套索、磁性套索【L】

魔棒工具【W】

喷枪工具【J】

画笔工具【B】

橡皮图章、图案图章【S】

历史记录画笔工具【Y】

橡皮擦工具【E】

铅笔、直线工具【N】

模糊、锐化、涂抹工具【R】

减淡、加深、海绵工具【O】

钢笔、自由钢笔、磁性钢笔【P】

添加锚点工具【+】

删除锚点工具【–】

直接选取工具【A】

文字、文字蒙版、直排文字、直排文字蒙版【T】

度量工具【U】

直线渐变、径向渐变、对称渐变、角度渐变、菱形渐变【G】

油漆桶工具【K】

吸管、颜色取样器【I】

抓手工具【H】

缩放工具【Z】

默认前景色和背景色【D】

切换前景色和背景色【X】

切换标准模式和快速蒙版模式【Q】

标准屏幕模式、带有菜单栏的全屏模式、全屏模式【F】

临时使用移动工具【Ctrl】

临时使用吸色工具【Alt】

临时使用抓手工具【空格键】

文件操作

新建文件【Ctrl】+【N】

打开已有的图像【Ctrl】+【O】

打开为 ...【Ctrl】+【Alt】+【O】

关闭当前图像【Ctrl】+【W】

保存当前图像【Ctrl】+【S】

另存为 ...【Ctrl】+【Shift】+【S】

页面设置【Ctrl】+【Shift】+【P】

打印【Ctrl】+【P】

编辑操作

还原 / 重做前一步操作【Ctrl】+【Z】

还原两步以上操作【Ctrl】+【Alt】+【Z】

重做两步以上操作【Ctrl】+【Shift】+【Z】

拷贝【Ctrl】+【C】

粘贴【Ctrl】+【V】

合并拷贝【Ctrl】+【Shift】+【C】

将剪贴板的内容粘贴到选框中【Ctrl】+【Shift】+【V】

填充背景色【Ctrl】+【Delete】

填充前景色【Alt】+【Delete】

自由变换

自由变换【Ctrl】+【T】

从中心或对称点开始变换【Alt】

限制【Shift】

扭曲【Ctrl】

取消变形【Esc】

应用自由变换【回车键】

取消自由变换【Esc】

图像调整

调整色阶【Ctrl】+【L】

自动调整色阶【Ctrl】+【Shift】+【L】

打开曲线调整对话框【Ctrl】+【M】

取消选择所选通道上的所有点（"曲线"对话框中）【Ctrl】+【D】

打开"色彩平衡"对话框【Ctrl】+【B】

打开"色相 / 饱和度"对话框【Ctrl】+【U】

去色【Ctrl】+【Shift】+【U】

反相【Ctrl】+【I】

图层操作

新建一个图层【Ctrl】+【Shift】+【N】

复制一个新图层【Ctrl】+【J】

剪切一个新图层【Ctrl】+【Shift】+【J】

与前一图层编组【Ctrl】+【G】

取消编组【Ctrl】+【Shift】+【G】

向下合并或合并链接图层【Ctrl】+【E】

合并可见图层【Ctrl】+【Shift】+【E】

选择功能

全部选取【Ctrl】+【A】

取消选择【Ctrl】+【D】

重新选择【Ctrl】+【Shift】+【D】

羽化选择【Shift】+【F6】

反向选择【Ctrl】+【Shift】+【I】

载入选区【Ctrl】+点按图层、路径、通道面板中的缩略图

按上次的参数再做一次上次的滤镜【Ctrl】+【F】

退去上次所做滤镜的效果【Ctrl】+【Shift】+【F】

视图操作

放大视图【Ctrl】+【+】

缩小视图【Ctrl】+【-】

满画布显示【Ctrl】+【0】

实际像素显示【Ctrl】+【Alt】+【0】

左对齐或顶对齐【Ctrl】+【Shift】+【L】

中对齐【Ctrl】+【Shift】+【C】

右对齐或底对齐【Ctrl】+【Shift】+【R】

第五节　调整图片文件量大小

图片文件量大小的单位是：B（字节）、K（KB）、M（MB）、G（GB）、T（TB）等，1T=1024G，1G=1024M，1M=1024K，1K=1024B。摄影图片，一般用到的单位多为 K（KB）、M（MB），G（GB）和 B（字节）应用较少。

查看文件量大小

查看一张图片的文件量大小的方法有两种：

1. 将鼠标直接放在图片上等待几秒种，在鼠标的右下角就会显示出这张图片的格式、拍摄日期、尺寸和大小等信息。

2. 在 Photoshop 中打开要查看的图片，执行"图像"→"图像大小"后，就弹出一个"图像大小"对话框，在对话框右上方位置显示着图片大小和尺寸等信息。如图 1-15 所示，此幅图片文件量为：74.1M。

执行下列任一操作以修改图像预览：

1. 要更改预览窗口的大小，请拖动"图像大小"对话框的一角并且调整其大小。

2. 要查看图像的其他区域，请在预览框内拖曳图像。

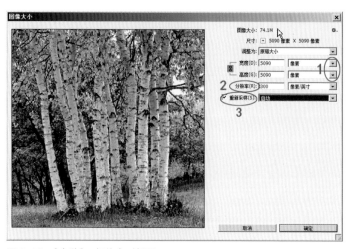

图 1–15 《金秋》 赵徐宏　摄影
禄莱 6008 感光度 ISO100 光圈 F22 曝光时间 1/15s 0Ev

3.要更改预览显示比例，请按住 Ctrl 键（Windows）并单击预览图像以增大显示比例，按住 Alt 键（Windows）并单击以减小显示比例。单击之后，显示比例的百分比将简短地显示在预览图像的底部附近。

调整图片文件量大小的必要性

调整文件量，通常是由大文件调整为小文件（由小文件调整为大文件画质难以保证）。中高档的数码相机拍出来的图片文件量较大，出于对图片的某种需要，我们经常会涉及到调整图片文件量的问题。比如，为了保证照片不被盗用或提高上传和浏览的速度，需要将图片文件量调小。还有现在一些网络摄影比赛，对参赛图片文件量大小会有一个明确的要求，或固定文件量大小、或提示文件量大小范围。

调整图片文件量大小的方法（以 Photoshop CC 为例）

方法一

打开要调整的图片，执行"图像"→"图像大小"命令后，会弹出"图像大小"对话框，然后在"调整为"下拉菜单中直接选择给出的一个尺寸即可，如图 1–16 红圈 1 所标注。调整后的图像文件大小会出现在"图像大小"对话框右侧顶部，而原来的文件大小则显示在括号内，如图 1–16 红圈 2 所标注，此图片原文件大小为 74.1M，调整后的文件大小为 1.69M。

在"调整为"下拉菜单中，"自动分辨率"为特定打印输出调整图像大小，指定"挂网"值并选择"品质"即可。

方法二

打开要调整的图片，执行"图像"→"图像大小"命令后，在弹出"图像大小"对话框中，根据所需文件尺寸，直接改变宽度、高度和分辨率的值即可。

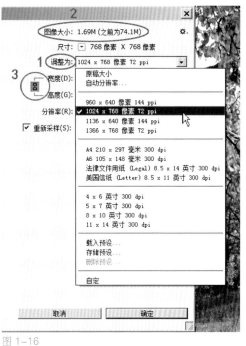

图 1–16

需要注意的是：

1.为确保原来的宽高比例，请启用"约束比例"选项（默认为启用约束比例），如果要分别更改宽度和高度，请单击"约束比例"图标以取消它们的链接，如图 1–16 红圈 3 所标注。

2.如想换用其他度量单位，可以点击"宽度"和"高度"文本框右侧的倒三角，在下拉菜单中换用其他度量单位，如图 1–15 红圈 1 所标注。

3.要更改"分辨率"，请输入一个新值，如图 1–15 红圈 2 所标注。

4.新的图像文件大小会出现在"图像大小"对话框右侧顶部，而原来的文件大小则显示在括号内。

5.重新采样选"自动"，如图 1–15 红圈 3 所标注。

完成设置选项后，点击"确定"，然后保存。

要恢复"图像大小"对话框中显示的初始值，请从"调整为"菜单中选取"原稿大小"即可。

思 考

1.对调整好的照片进行保存时,常用的格式有哪几种? 每种格式有什么特点?

2.使用缩放工具时,按下或松开键盘上的哪个键,可以实现放大或缩小的快速切换; 按着键盘上的哪个键,鼠标会变成"临时抓手"工具?

练 习

现在,许多摄影展览和摄影比赛都采用网络电子投稿,但在征稿内容中,都会有这样的明确要求:"本届展览只收电子文件,文件格式为JPEG格式,文件长边为1024像素,300 dpi。"

请打开一张照片,按照上述要求,对文件量进行调整。

第二章 去除干扰

第一节 修去污点

拍出来的影像怎么会有污点呢? 这主要是由于更换镜头时, 相机内的图像传感器 CCD 或 CMOS 上面吸附了灰尘, 这些灰尘就会形成黑斑, 从而影响画面的整洁感。

图 1-17 《大雪青松》 刘江 摄影
佳能 5D MarkII 感光度 ISO1000 光圈 F8 曝光时间 1/30s +1Ev

修改理由

污点较多, 严重影响画面的整洁干净 (见图 1-17 原图)。

关键工具

污点修复画笔工具，此工具位于"工具箱"内。

工具属性栏设置

在工具箱内选择"污点修复画笔工具"后，相应的工具属性栏显示如图1–18所示，在使用此工具前需要注意以下几点：

图 1–18

1. 笔头大小需要根据污点大小做出调整，最理想的大小是比污点稍大一点。

2. 笔头硬度取值小过渡自然，去除后的污点区和周围背景的融合性好。

3. 模式选择"正常"。

4. 类型选择"近视匹配"或"内容识别"。

5. 其他值为默认值。

制作过程

1. 放大图片。

在工具箱中选取缩放工具，使用放大工具把图片放大，然后按下空格键，此时鼠标变为"临时抓手"工具，拖动鼠标找到污点所在位置，如图1–19所示。

2. 选取"污点修复画笔工具"。

在工具箱中选取"污点修复画笔工具"，如图1–20所示。把鼠标放在图片上，此时的鼠标显示一个圈，圈的大小代表画笔的大小，当画笔极小时，圈就成为一个点。

3. 调整画笔的大小。

画笔大小的调整可以在工具属性栏内进行设置，也可以使用键盘上的中（大）括号键来设置。为了提高效率，建议使用后者，逐步按中（大）括号键的右侧键，画笔逐渐变大，逐步按左侧键，画笔逐渐变小，如图1-21所示。

4.除去污点。

调整画笔大小，使其刚好圈住污点，然后点按一次鼠标，讨厌的污点就消失得无影无踪了，如图1-17效果图所示。

污点修复画笔工具的使用范围

污点修复画笔工具是针对比较小的"污点"、细小的"划痕"进行快速修复，如人皮肤上的斑点，照片上的细小划痕等。如果污点的区域大、划痕长，那就不适合使用此工具，否则修补痕迹明显，很不自然，令人生厌。

图 1-19

图 1-20

1-21

第二节 修去画面的干扰元素

摄影是一门遗憾的艺术，面对的事物很美好，但是在拍摄时总会出现这样或那样的元素难以避开，干扰着画面的表现，如无处不在的电线，难以躲开的部分等，这些讨厌的元素会使精彩的画面黯然失色。不过，我们利用 Photoshop 处理技术，完全能够不留痕迹地去除这些干扰元素，让画面更加完美。

图 1-22 《太湖帆影》 刘江 摄影

佳能 5D MarkII 感光度 ISO100 光圈 F11 曝光时间 1/320s −0.7Ev

修改理由

水面上黑色的横线条干扰画面 (见图 1-22 原图)。

关键工具

修补工具或仿制图章工具 (仿制图章工具将在下一节讲解)，此工具位于 "工具箱" 中。

工具属性栏设置

在工具箱内选择"修补工具"后，相应的工具属性栏显示如图 1-23 所示，在使用此工具前需要进行如下设置：

图 1-23

1. 选择新选区，如图 1-23 红圈 1 所标注。

2. 如果使用 Photoshop CS6 或 Photoshop CC，在修补选项中选择"内容识别"，如图 1-23 红圈 2 所标注，如果 Photoshop 不是这两个版本，在属性栏中选择"源"。

3. 在适应选项中选择"中"，一般来说可以处理得很到位，如图 1-23 红圈 3 所标注。如果是在风景照片中移除干扰元素，在"适应"选项中选择"非常松散"，被移除的干扰元素边缘与周围景物会融合得更加自然。

制作过程

1. 放大图片。

在 Photoshop 中打开原图，使用"缩放工具"把图片放大，按住空格键拖动鼠标来移动图片，找到要修去的黑色横线条，如图 1-24 所示。

2. 选取"修补工具"。

从工具箱中选取"修补工具"，然后在工具属性栏中选择"内容识别"和"非常松散"，如图 1-25 所示。

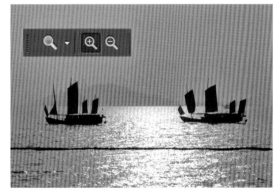

图 1-24

图 1-25

3. 开始修补。

用鼠标把要移除的黑线条圈起来，此时就形成一个封闭的选区，如图 1-26 所示，然后把鼠标放在选区内，拖动鼠标到上面或者下面干净的位置松开鼠标，此时被圈起来的黑线条就被移除了。为了使修补后的画面更加自然，建议一小段一小段地修补，如图 1-27 所示。

图 1-26

4. 保存。

修补结束后，执行【Ctrl】+【D】取消选区，然后进行保存，调整后如图 1-22 效果图所示。（图片保存方法请参考第一章第三节"图片的保存及存储格式"。）

图 1-27

修补工具的使用范围

修补工具主要针对画面中较大的污点、较粗的线条、较长的划痕等进行修补，不适合修补面积较大的干扰元素。

第三节 擦除画面干扰部分

我们知道修补工具主要针对画面中较粗的线条、较长的划痕等进行修补，但是要修补画面中较大的干扰部分，尤其是紧靠画面边沿的，修补工具就无能为力了，因为它会产生不舒服的修改痕迹，使画面显得极不自然。那么面积较大的干扰元素如何去除呢? 这将是本节内容的重点。

修改理由

1. 画面左下角的树枝过于杂乱。

图 1-28 《晋祠冬韵》 王俊辰　摄影
林哈夫 感光度 ISO 100 光圈 F35 曝光时间 1/8s 0Ev

2.画面右下角的石头多余，如图 1-28 原图所示。

关键工具

仿制图章工具，此工具位于工具箱中。

工具属性栏设置

在工具箱内选择"仿制图章工具"后，相应的工具属性栏显示如图 1-29 所示，在使用此工具前需要进行如下设置：

1.画笔"大小"可以根据干扰部分的面积大小和修改时的需要进行随时调整，如图 1-29 红圈 1 所示。

2.画笔"硬度"是用来控制边缘的柔和程度，笔尖硬度较低时，修补的边

图 1-29

缘过渡会自然、柔和，如图 1-29 红圈 2 所示。

3. 模式选择"正常"，这样就可以通过简单的方式完成色彩或亮度以及细微结构的自然仿制，如图 1-29 红圈 3 所示；

4."不透明度"设置为"100%"，流量设置为"100%"，这样就快速实现了仿制修补，如图 1-29 红框 4 所示。

5."样本"设置为"所有图层"，因为这个工具支持对图层的编辑，如图 1-29 红框 5 所示。

制作过程

1. 放大图片。

打开原图，在工具箱中选取缩放工具把图片放大，按住空格键拖动鼠标，找到原图右下角要修补的地方，如图 1-30 所示。

2. 选取"仿制图章"工具。

在工具箱中选取"仿制图章工具"，把鼠标放在图片上，此时的鼠标显示一个圈，圈的大小代表画笔的大小。按键盘上的中（大）括号键，来改变画笔的大小，或者在属性栏设置画笔大小，如图 1-31 所示。

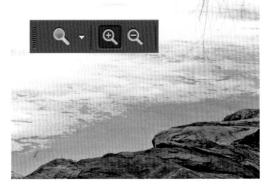

图 1-30

3. 取样。

取样就是选取一个要仿制的内容，以用来覆盖"干扰部分"。调整好画笔大小，按住"Alt"键，此时的鼠标就变为一个"十"字形双圈，如图 1-32 所示，左单击鼠标后松开，取样完成。因为石头位于冰面上，为了让画面自然，所以在石头附近的冰面上取样。取样时一定要注意：取样的位置和要覆盖的位置在颜色、明暗等方面尽可能一致，这样才能保证修补的画面完美自然，所以取样要在被覆盖的部位附近进行，而且要不断地更换取样位置。

4.仿制覆盖。

取样结束之后，把画笔放到石头上点击鼠标或拖动鼠标进行涂抹，就可以用冰面覆盖石头（如图1-33所示）。点击鼠标进行覆盖石头时，在取样的位置上会显示一个十字小图标以显示仿制的内容。拖动鼠标涂抹时，小十字图标会等距离跟着移动，如图1-34所示。

5.不断取样，细心仿制覆盖。

不断取样，细心将画面右侧的干扰部分石头进行覆盖，左侧的树枝可以结合修补工具，擦去干扰部分。修补结束后，缩小画面整体观看，满意后保存，如图1-28效果图所示。

仿制图章工具的使用范围

仿制图章工具是专门的修图工具，可以用来消除人物脸部的斑点、

图 1-31

图 1-32

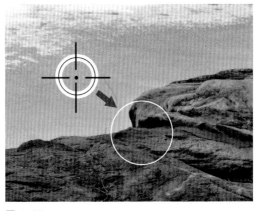

图 1-33

背景部分不相干的杂物以及填补图片空缺等。如果被覆盖的区域显得不够均匀自然，可以结合"修补工具"进行修补，这样会取得更满意的效果。

图1-34

消除画面干扰因素小结

1. 运用"污点修复画笔工具"，修去画面的小缺陷，如画面中较小的污点、细小的划痕、人物皮肤上的斑点和脸上的痘痘等。

2. 运用"修补工具"，修去画面中较大的缺陷，如较粗的电线、缆绳，较大的污点、划痕等。

3. 运用"仿制图章工具"，可以移除画面中较大的瑕疵、不规则的干扰物体以及填补画面空缺等。

对一个画面进行全面修补时，将三个工具结合起来，会使有缺陷的照片重放光彩。

思 考

1. 修去人物脸上的斑点，应该选用哪种工具？

2. 修去画面中面积较大的干扰部分，应该使用哪种工具？

练 习

找一张黑白老照片，将它进行翻拍或者扫描，然后在Photoshop中试着进行完美修复。

第三章　裁剪有道

第一节 合理裁剪

构图是一张照片拍摄成败的关键因素。我们在拍摄时，虽然经过认真地观察和思考，但拍出来的画面常有这样或那样的问题，有些不足是拍摄中未发现的，有些不足则是拍摄中发现了却难以避免的。那该怎么办呢? 这样的照片是不是就作废了呢?

您尝试"裁剪"了吗? 也许经过合理裁剪，便可以弥补拍摄中的不足，使画面获得重生；裁剪还可以重新构图，寻求局部之美。所以，裁剪被称为"第二次创作"。

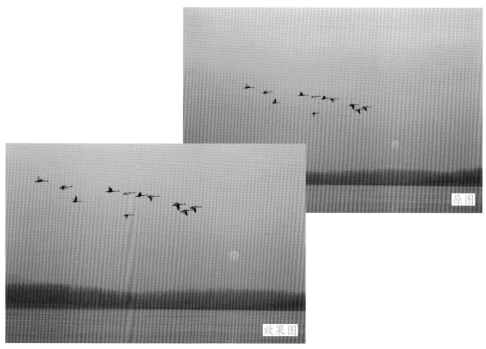

图 1-35 《天使翱翔迎朝阳》 姚歌玲 摄影
佳能 5D MarkII 感光度 ISO800 光圈 F8 曝光时间 1/250s +1Ev

修改理由

原图天空较大，画面显得松散，如图 1–35 原图所示。

关键工具

裁剪工具，此工具位于工具箱中。

工具属性栏设置

以 Photoshop CC 版本为例，在工具箱中选择"裁剪工具"后，相应的工具属性栏显示如图 1–36 所示，在使用此工具前需要进行如下设置：

图 1–36

1. 在属性栏可以选择固定尺寸，如图 1–36 红框 1 所标注，如"裁剪 4 英寸 ×6 英寸 300 ppi"等；也可以直接在宽 × 高 × 分（分辨率）设定你想要的尺寸，如图 1–36 红框 2 所标注。不选择尺寸或不设定尺寸，裁剪就可以很随意。

2. 在设置裁剪工具的叠加选项中，可以选择三等分、网格、对角、三角形等，如图 1–36 红圈 3 所标注。

3. 其他值为默认值。

制作过程

1. 选择裁剪工具。

在工具箱中选取裁剪工具，在图片中以对角线的方向拖动鼠标，就出现一个裁剪框，如图 1–37 所示，周围较暗区域是要裁去的部分。

2. 调整画面并执行

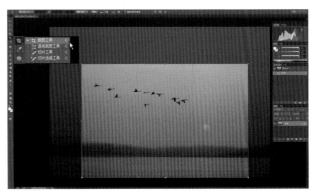

图 1–37

裁剪。

单独拖动裁剪框四边，就可以进行自由调整所裁画面，调整好之后双击鼠标或单击鼠标右键选择裁剪即可，然后进行保存，如图1-35效果图所示。

第二节 裁剪的形式及方法

裁剪的形式可分为固定尺寸裁剪、按照原图等比例裁剪、自由裁剪、正方形画幅裁剪、其他画幅形式裁剪和透视裁剪，每种形式的具体裁剪方法如下：

1.固定尺寸裁剪。在工具属性栏选择或设定需要的尺寸即可。

2.按照原图等比例裁剪。用裁剪工具拉满画面，然后按着"Shift"键以对角线的方向拖动鼠标即可。

3.自由裁剪。清除"工具属性栏"宽 × 高 × 分（分辨率）数值即可。

4.正方形裁剪。裁剪时，先按住"Shift"键，沿着画面对角线拖动鼠标即可。

5.其他画幅形式裁剪。不同的画幅，需要运用不同的方法，这里我们以圆画幅裁剪为例。

6.透视裁剪。具体裁剪方法见第42页内容。

图1-38 《九曲黄河》 冀致明 摄影
尼康 D810 感光度 ISO64 光圈 F11
曝光时间 0.8s −1.3Ev

自由裁剪

修改理由

将地面景物裁剪，使画面更简洁，能更好地突出九曲黄河这一主体，如图 1–38 所示。

正方形画幅裁剪

修改理由

1. 原片前景暗部过大。

2. 背景由于雾霾不通透。

3. 修改后弱点得到改善（图 1–39）。

图 1–39 《长城》 刘江 摄影
佳能 5D MarkII 感光度 ISO100 光圈 F18
曝光时间 1/30s −2Ev

圆画幅裁剪

图 1-40 《荷塘恋曲》 赵徐宏 摄影
徕卡 -LUX 6 感光度 ISO80 光圈 F2.8
曝光时间 1/1000s 0Ev

修改理由

原图画面形式过于普通，做成圆画幅，以增加"画意"的味道。

制作过程

见下图所示各制作步骤。

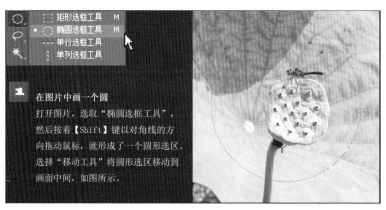

1 在图片中画一个圆

打开图片，选取"椭圆选框工具"，然后按着【Shift】键以对角线的方向拖动鼠标，就形成了一个圆形选区。选择"移动工具"将圆形选区移动到画面中间，如图所示。

图 1-41

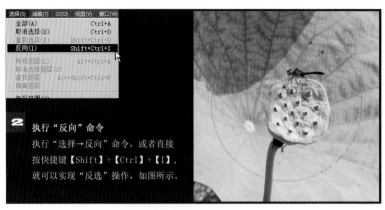

2 执行"反向"命令

执行"选择→反向"命令，或者直接按快捷键【Shift】+【Ctrl】+【I】，就可以实现"反选"操作，如图所示。

图 1-42

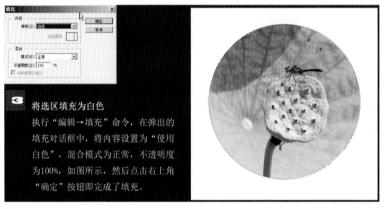

3 将选区填充为白色

执行"编辑→填充"命令，在弹出的填充对话框中，将内容设置为"使用白色"，混合模式为正常，不透明度为100%，如图所示，然后点击右上角"确定"按钮即完成了填充。

图 1-43

最后，执行【Ctrl】+【D】，取消选区，然后进行保存。

透视裁剪

修改理由

使用广角镜头拍摄，再加上仰拍或俯拍，画面就会产生明显的"夸张型透视变形"效果，使被摄体发生了变形（见图1-44原图）。

制作过程

1. 选取透视裁剪。

打开图片，在工具箱裁剪工具组中，选取"透视裁剪工具"，此时鼠标就变为"十"字形状。

图 1-44《普经的家园》 刘江 摄影
尼康 D3 感光度 ISO200 光圈 F8 曝光时间 1/80s 0Ev

2. 拖曳出一个封闭的裁剪框。

在"框"的一角单击鼠标，先定第一个节点，然后按着顺序在其他三个角定节点，最后回到第一个节点位置单击鼠标，此时就拖曳出一个封闭的裁剪框，如图 1-45 红框所示。

3. 执行裁剪。

执行裁剪的方法有：

①双击鼠标执行裁剪；

②单击鼠标右键，选择"裁剪"任务；

③在键盘上按下 Enter 键执行裁剪；

图 1-45

④在工具属性栏点击"对勾"执行裁剪。

4.完成后保存。

在保存文件时，为了保留原文件，最好选择"存储为"进行另外存储。

思 考

1.如何理解"裁剪被称为'第二次构图'"？

2.裁剪有哪几种形式？

练 习

从侧面翻拍墙上的书法、绘画、摄影作品时，虽然避免了玻璃的反光，但是画面会发生透视变形。请找一张有这种变形画面的照片进行调整。

第四章　平斜有理

第一节　矫正水平倾斜

通常在拍摄照片时要求相机保持水平位置，这样拍出来的影像就不会倾斜。但是，为了抢拍一个瞬间，我们有时难以顾及相机是否持平，拍出来的影像就可能发生倾斜。这时，我们就可以利用 Photoshop 来进行矫正了。

图 1-46 《水乡》 刘江　摄影
佳能 5D MarkII 感光度 ISO100 光圈 F10 曝光时间 1/80s 0Ev

修改理由

原图地平线倾斜，画面视觉不舒服（见图 1-46 原图）。

关键工具

标尺工具，此工具位于工具箱中吸管工具组内。

工具属性栏

默认。

制作过程

1. 选取标尺工具。

打开图片，在工具箱吸管工具组中选取标尺工具。然后沿着原图中倾斜的地平线拖曳鼠标拉一条线，如图 1-47 红线所示。

图 1-47

2. 旋转矫正。

执行"图像"→"图像旋转"→"任意角度"命令，在弹出的"旋转画布"对话框中，选择顺时针，然后点击"确定"，倾斜的画面就得以矫正了，如图 1-48 所示。

图 1-48

3. 裁剪画面。

在工具箱中选择"裁剪工具"，执行自由裁剪，将画面四周裁剪整齐，如图 1-49 所示，裁剪满意后进行保存。

图 1-49

第二节 倾斜的画面有动感

水平的线条显得安静、平稳，垂直的线条显得庄重、稳定，倾斜的线条显得灵动。有时，我们有意将水平线条或垂直线条通过 Photoshop 调成倾斜，来打破平稳庄重的感觉，以增加画面的动感和活力。

图 1–50 《穿越》 刘江 摄影
佳能 5D MarkII 感光度 ISO100 光圈 F20 曝光时间 1/320s −1Ev

修改理由

水平的地平线使画面显得过于安稳，缺少"穿越"的动感（见图1–50原图）。

关键工具

自由变换工具，执行【Ctrl】+【T】实现自由变换。

制作过程

见下图所示各制作步骤。

1 执行"自由变换"命令

打开图片，先执行【Ctrl】+【A】命令，原图被"全选"，接着执行【Ctrl】+【T】命令，此时原图四角及四边的中间会出现正方形的小方框，即已执行"自由变换"命令，如图所示。

图 1–51

2 旋转图片让地平线倾斜

把鼠标放到画面任意一个角外，鼠标就变成"弧形双向箭头"的小图标，此时按着鼠标左键进行逆时针旋转，感觉地平线倾斜程度满意后，双击鼠标确定，然后执行【Ctrl】+【D】取消选区。

图 1–52

3 进行裁剪

从工具箱中选择"裁剪工具"，执行自由裁剪，将画面四边的空白处裁除。最后进行保存。

图 1-53

思 考

1.矫正水平倾斜的方法有哪几种？

2.在哪种情况下，可以故意使画面倾斜？

练 习

请拍摄一张地面线倾斜的照片，然后在Photoshop中进行矫正，使地平线恢复呈水平线。

02 PART

去灰调色篇

　　为了追求画面的"高品质"，我们会将数码相机设置为"RAW"格式、Adobe色彩空间和低反差、低锐度、低饱和度等功能。拍完照后，当我们兴致勃勃地在Photoshop中打开图像时，"又灰又软"的影像效果却让人大失所望，心里嘀咕着："我没设置错呀，怎么会是这种结果呢？"

　　凡事有利就有弊，这种"又灰又软"的影像是数码相机"宽容度"大的结果，是数码相机保留更多影像细节和色彩信息的结果。所以，这种"又灰又软"的影像特点是我们通过数码相机获得高品质影像的重要前提。在Photoshop中通过调整反差、色彩和锐度等，就可以去掉令人讨厌的"灰、软"，获得细节丰富、色彩明快、反差适中的高品质影像。

　　"去灰调色"是最实用的后期制作知识，也是最基本、最重要的后期制作技术。本篇将由浅入深，系统地为学员讲解如何去灰、如何调色、如何锐化等内容，建议学员们花时间把调整原理搞清楚，并在实践中加以认真掌握。

《悠然的飞》 梁启贤 摄影
佳能 5D MarkII 感光度 ISO400 光圈 F5.0 曝光时间 1/250s 0Ev

第一章 去掉灰雾

第一节 重生明暗细节

一张照片最生动的地方就在于细节的呈现，即暗部有细节，亮部有层次。在拍摄实践中，我们可能都有这样的体会，拍摄明暗反差大的场景，画面的亮部和暗部细节表现总是不尽如人意。如何对照片的亮部和暗部进行细节补救，是后期处理照片最关键的技术，也是获得完美照片的一个重要手段。

在 Photoshop 中，"阴影 / 高光"工具，是针对照片亮部和暗部的细节进行调整而专门设计的，正确使用"阴影 / 高光"工具，就可以重现照片的明暗细节。

例一 单独对暗部进行调整，以重生细节

图 2-1 《徽州古建筑》 刘江 摄影
尼康 D3 感光度 ISO200 光圈 F18
曝光时间 1/160s 0Ev

修改理由

原图天空细节丰富，但老街巷偏暗，缺少细节（见图 2-1 原图）。

关键工具

"阴影 / 高光"工具。

制作过程

在 Photoshop 中打开原图，执行"图像"→"调整"→"阴影 / 高光"命令（图 2-2），在控制面板中，只需要将调整"阴影"的控制滑块向右滑动，画面中阴影部分就会变亮，细节获得重生（见图 2-1 效果图）。

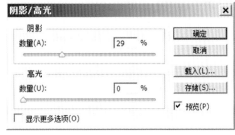

图 2-2

例二　单独对亮部进行调整，以重生细节

图 2-3　《年宝玉则》　魏红霞　摄影

尼康 D810 感光度 ISO64 光圈 F11 曝光时间 1/125s 0Ev

修改理由

原图地面层次分明，但是天空偏亮，白云缺少细节（见图 2-3 原图）。

制作过程

在 Photoshop 中打开原图，执行"图像"→"调整"→"阴影 / 高光"命令（图 2-4），在控制面板中，只需要将调整高光的控制滑块向右滑动，画面中高光部分就会变暗，蓝天变蓝，白云的细节变得非常丰富（见图 2-3 效果图）。

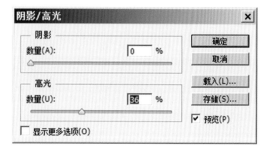

图 2-4

例三　同时调整暗部和亮部，让暗部有细节，亮部有层次

效果图

原图

图 2-5 《地窑院生活》 刘江　摄影
佳能 5D MarkI 感光度 ISO800 光圈 F9 曝光时间 1/80s 0Ev

修改理由

原图暗部太暗，失去细节；亮部太亮，失去层次（见图 2-5 原图）。

制作过程

在 Photoshop 中打开原图，执行"图像"→"调整"→"阴影 / 高光"命令（图 2-6），在控制面板中，对"阴影"和"高光"分别进行调整，画面中亮部变暗出现层次，暗部变亮出现细节（见图 2-5 效果图）。

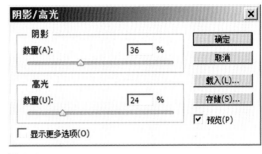

图 2-6

操作提示

1. 边调整边观察，待效果满意后，点击"确定"，即完成。

2. 调整"阴影"和"高光"的数量时是没有理想的固定值的，而是根据即时显现的效果来决定的。

3. 只调整"阴影"时，除暗部外，画面的亮部细节不会受到显著的影响。

4. 只调整"高光"时，除亮部外，画面的暗部细节不会受到显著的影响。

5. "阴影"和"高光"调整过度，画面非常暗和非常亮的边缘周围就会显得极不自然。

深入了解"阴影 / 高光"工具

上面列举了三个例子，是对"阴影 / 高光"工具的基本操作，要想对照片进行更为精确的细节调整，可以在"阴影 / 高光"控制面板最下方勾选"显示更多选项"。此时，控制面板会扩大，并显现其他一些辅助选项，如图 2-7 所示。

色调宽度 "色调宽度"默认值为 50%。控制阴影色调或高光色调的修改范围，值越小，发生变化的区域范围就越小，而且是只针对暗部或亮部；值越大，发生变化的区域范围就越大，不再是只针对暗部或亮部，而是扩大到中间色调。

半 径 控制每个像素周围的区域的大小，该大小用于决定像素是在阴影

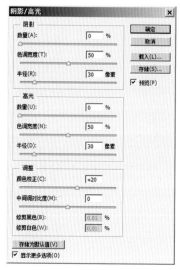

图 2-7

还是在高光中。向左移动滑块是指定较小的区域，向右移动滑块是指定较大的区域。当"半径"过大时，调整则倾向于使照片整体变亮或变暗。

颜色校正 用于在已调整的区域中微调颜色，数值增大，已调整的区域会产生饱和度较大的颜色；数值减小，已调整的区域会产生饱和度较低的颜色。

中间调对比度 用来调整照片中间调的对比度。向左移动滑块会降低对比度，向右移动滑块会增加对比度。

第二节 调整色阶去灰雾

数码影像"又灰又软"的特点，确实让人失望。不过，经过 Photoshop 的后期调整，就能去掉令人讨厌的"灰"，使影像层次丰富，通透美观。

修改理由

原图偏暗发灰（见图 2-8 原图）。

关键工具

色阶。

图 2-8《丹霞》 邱兴文 摄影
佳能 5D MarkII 感光度 ISO100
光圈 F22 曝光时间 1/60s −0.7Ev

制作过程

1. 用"色阶"来调整亮度。

打开图片，执行"图像"→"调整"→"色阶"命令，在弹出的"色阶"控制面板中，调整输入色阶，将黑色滑块往右移动到直方图黑色刚开始的地方，同时将白色滑块也往左移动到直方图黑色开始的地方，点击"确定"，进行下一步操作，如图 2-9 所示。

2. 用"亮度 / 对比度"来调整反差。

执行"图像"→"调整"→"亮度 / 对比度"命令，就弹出一个控制面板，直接拖动"对比度"命令下方的白色三角形滑块就行，如图 2-10 所示。如果觉得反差太大，将滑块向左拖动；如果反差不够，将滑块向右移动。然后进行预览，感觉反差满意后点击"确定"，就完成了操作，如图 2-8 效果图所示。

操作提示

1. 在上面两个控制面板中，都设有"预览"命令，只有勾选"预览"命令，才能看到当前调整的效果。另外，点击取消勾选，可以查看调整前的效果。反复点击可以看到调整前和调整后的对比效果。建议每做完一步最好都预览几

原图色阶　　　　　　　　　　　　调后色阶

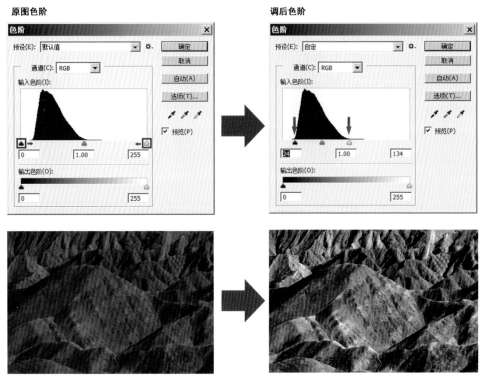

图 2-9

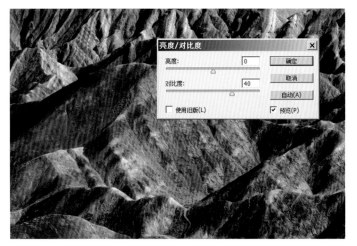

图 2-10

次，感觉没有问题，然后点击"确定"进行下一步操作。

2. 在"亮度／对比度"控制面板中，"使用旧版"功能默认为不勾选，如果勾选，此控制面板就回到原版本中，这两个版本在设置相同的亮度和对比度时效果不一样，建议选用默认的新版本。

调整色阶之关键技巧

执行"图像"→"调整"→"色阶"命令，就弹出"色阶"控制面板，色阶主要的功能就是调整图像的亮度和对比度。

"色阶"控制面板中有"输入色阶"和"输出色阶"，其各自的原理是：

输入色阶主要控制图像对比度。将"输入色阶"左边的黑色滑块往右拖动，图像会变暗；将右边的白色滑块向左拖动，图像会变亮。同时将黑色滑块和白色滑块向中间拖动，图像对比度就会增大。

输出色阶主要控制图像亮度。将"输出色阶"中的黑色滑块，往右拖动，图像整体变亮；将白色滑块往左拖动，图像整体变暗。

图像发灰不通透，通常都是对比度有问题，所以一般调整"输入色阶"就行。"输入色阶"黑色部分，就是一个直方图，调整色阶的关键技巧是将黑色滑块往右移动到直方图黑色刚开始的地方，同时将白色滑块往左移动到直方图黑色开始的地方，即：将黑色滑块和白色滑块同时移动到直方图两端的"山脚处"，如图 2-11 所示。

采用色阶的方法去灰非常适合画面反差较小的图像。

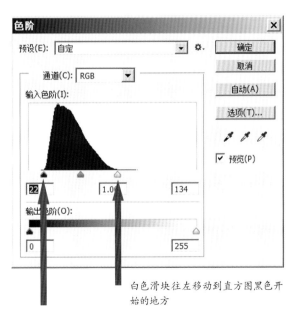

白色滑块往左移动到直方图黑色开始的地方

黑色滑块往右移动到直方图黑色开始的地方

图 2-11

第三节 调整曲线去灰雾

原图"发灰发闷"，通常是对比度有问题，在 Photoshop 后期调整中，适当调整反差，提高对比度，画质就会明显得到改善。

图 2-12 《秋韵》 赵徐宏 摄影
尼康 D3X 感光度 ISO400
光圈 F16 曝光时间 1/20s - 0.3Ev

修改理由

原图灰雾度较大，通透感较差（见图 2-12 原图）。

关键工具

曲线。

制作过程

1.用"曲线"调整反差，增加对比度。

在 Photoshop 中打开原图，执行"图像"→"调整"→"曲线"命令，会弹出一个曲线控制面板，在控制影调的对角线中添加两个控制点：一个在对角线左下方的 1/4 处，代表着暗部区域；一个在右上方的 3/4 处，代表着亮部区域，将亮度区域的控制点向斜上方拖动，将暗部区域的控制点向斜下方拖动，将对角直线调整为"S"形曲线，然后进行预览，感觉满意后点击"确定"，进行下一步操作，如图 2-13 所示。

图 2-13

图 2-14

2. 用"亮度 / 对比度"进一步调整。

执行"图像"→"调整"→"亮度 / 对比度"命令，在弹出的控制面板中直接拖动"对比度"命令下方的白色三角形滑块便可。如果觉得反差太大，将滑块向左拖动；如果反差不够，将滑块向右移动。然后进行预览，感觉满意后点击"确定"便完成了操作，如图 2-14 所示。

曲线与反差、亮度

"曲线"是 Photoshop 中调整图片最重要的工具之一，是必须掌握的，它主

图 2-15 《大地乐章》 刘江　摄影
佳能 5D MarkII 感光度 ISO100 光圈 F11 曝光时间 1/160s－0.3Ev

要用来调整图像的反差、亮度和色调。谈到"曲线"，可能有些学员感到很难、很复杂，其实，只要看完以下的简单介绍，就可学会用曲线来调整照片的反差和亮度了。

不同曲线调整与反差和亮度的效果：

1."S"形曲线，增加反差。按图 2-16-1 的两点位置，将曲线向垂直方向内调，图片反差会逐渐增大。

2.反 S 曲线，降低反差。按图 2-16-2 的两点位置，将曲线向水平方向外拉，图片反差会逐渐减小。

3.曲线向上，增加亮度。按图 2-16-3 的中间点，将曲线向上拉，照片亮度会相应提高。

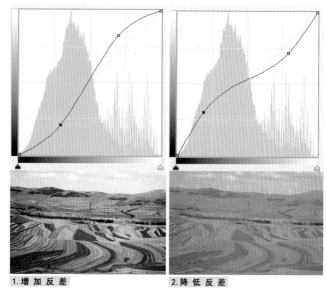

1. 增加反差　　　　2. 降低反差

图 2-16-1　　　　图 2-16-2

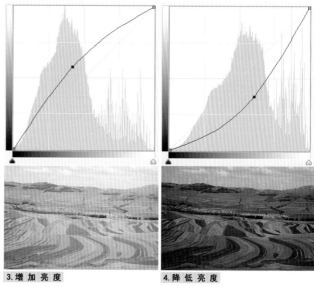

3. 增加亮度　　　　4. 降低亮度

图 2-16-3　　　　图 2-16-4

4.曲线向下，降低亮度。按图 2-16-4 的中间点，将曲线向下拉，照片亮度则会下降。

关于如何用"曲线"调整色调，将在后面章节进行讲解。

第四节 全面去灰"四重曲"

采用色阶去灰，适用于反差较小的图片；采用曲线去灰，适用于反差适中的图片，但我们在制作图片时往往会面对反差复杂的情况，如果仅依靠色阶或曲线去除灰雾，效果是不理想的。

全面去灰"四重曲"，是将这些工具综合运用，分四个关键步骤有序、合理地调整，以去掉原片的"灰雾"，得到一张明快、通透的照片。全面去灰"四重曲"适用于所有图像，尤其是风光照片。

图 2-17《美丽乡村》 刘江 摄影
佳能 5D MarkII 感光度 ISO100 光圈 F8 曝光时间 1/250s － 1.3Ev

修改理由

1. 照片偏暗发灰；

2. 色彩不够饱和（见图 2-17 原图）。

关键工具

1. "阴影 / 高光" 工具。

2. "色阶" 工具。

3. "曲线" 工具。

4. "色相 / 饱和度" 工具。

制作过程

1. 调整 "阴影 / 高光"，挖掘明暗细节。

打开原图，执行 "图像" → "调整" → "阴影 / 高光" 命令，在弹出的 "阴影 / 高光" 控制面板中，将调整 "阴影" 的三角滑块向右滑行，预览暗部变化，再将调整高光的三角形滑块向右滑行，预览亮部变化，整体感觉满意后点击 "确定"，进行下一步操作，如图 2-18 所示。

图 2-18

2. 调整 "色阶"，初步对亮度和对比度进行整体调整。

打开图片，执行 "图像" → "调整" → "色阶" 命令，在弹出的色阶控制面板中，将黑色滑块往右移动到直方图黑色开始的地方，同时将白色滑块往左移动到直方图黑色开始的地方，点击 "确定"，进行下一步操作，如图 2-19 所示。

图 2-19

3.调整"曲线",进一步调整反差,改善整体平淡的视觉效果。

执行"图像"→"调整"→"曲线"命令,在"曲线"控制面板中,将控制影调的对角直线调整为"S"形,然后进行预览,感觉效果满意后点击"确定",进行下一步操作,如图 2-20 所示。

图 2-20

4.调整"色相 / 饱和度",以获得饱和、鲜艳的画面效果。

执行"图像"→"调整"→"色相 / 饱和度"命令后,会弹出一个"色相 / 饱和度"控制面板,将控制"饱和度"的三角滑块向右滑行,画面就会变得鲜艳、饱和。对色彩效果满意后点击"确定",如图 2-21 所示。

图 2-21

操作提示

1. 使用"阴影 / 高光"调整图片时，调整的数量要根据具体的画面来定，没有固定的值。如果调整过度，画面就会显得不自然、不舒服。所以调整时要把握好度。

2. 饱和度的过度调整，会使画面色彩失真，细节丢失，甚至颜色发生改变，所以饱和度的调整也要把握好度。

思 考

1. "色阶"调整有什么技巧？

2. 利用"曲线"增加画面反差，应当如何调整"曲线"？

练 习

请在Photoshop中打开一张图片，按照"全面去灰'四重曲'"进行去灰，然后观察前后效果。

第二章 完美调色

第一节 偏色校正

色彩的正确还原是彩色摄影创作成功的基础。当一幅作品的色彩接近于原物，就会显得真实自然，给人一种视觉上的舒适感。如果画面偏色，就会影响主题的表现，怪异的色彩甚至令人生厌，尤其是人像摄影作品。

因为多变的环境具有复杂的色温，照片难免会出现偏色，在一定的偏色程度内，利用 Photoshop 是完全能够调整回来的。

色彩调整理论

从光的三原色叠加效果图（图 2–22）中，我们可以得到校正画面偏色的方法。

因为"青色 = 白色 – 红色"，所以画面偏青色，就补红色；画面偏红色，就补青色。

因为"洋红色 = 白色 – 绿色"，所以画面偏洋红色，就补绿色；画面偏绿色，就补洋红色。

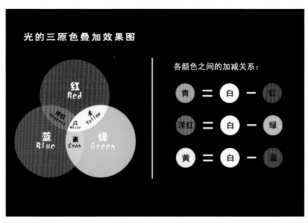

图 2–22

因为"黄色＝白色－蓝色"，所以画面偏黄色，就补蓝色；画面偏蓝色，就补红色。

修改理由

图 2-23 《上学第一天》 刘江 摄影
佳能 5D MarkII
感光度 ISO640
光圈 F4
曝光时间 1/200s 0Ev

从人物皮肤上可以看出，原图偏红、偏洋红、偏黄，画面颜色显得怪异，视觉不舒服（图 2-23 原图）。

关键工具

色彩平衡。

制作过程

打开原图，执行"图像"→"调整"→"色彩平衡"，在色彩平衡控制面板下方，选择中间调，原因是画面整体偏色，而不是"阴影"或"高光"部分偏色，勾选"保持明度"，然后再调整颜色，如图2-24所示。

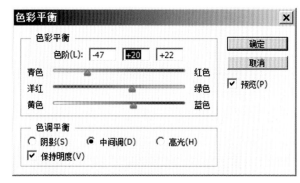

图 2-24

1.因为画面偏红，所以将控制"青色—红色"的滑块向青色方向拖动，给画面补充青色。

2.因为画面偏洋红色，所以将控制"洋红—绿色"的滑块向绿色方向拖动，给画面补充绿色。

3.因为画面偏黄色，所以将控制"黄色—蓝色"的滑块向蓝色方向拖动。

操作提示

调整色阶的数量要根据具体照片的偏色程度而定，调整时一定要边调整边预览。校正色彩是细活，不可抱着随便调整的想法。

第二节 色彩变变变

色彩的三个属性是：色相、色饱和度和色明度。

色相，是指颜色的相貌和差别，如红、橙、黄、绿、青、蓝、紫，各有其相貌。色饱和度，是指颜色的鲜艳程度。色明度，是指颜色的明暗程度。一个场景一旦被拍摄成一张图片，那么场景中所有元素的色彩就固定不变了。但是利用 Photoshop 中"色相/饱和度"命令，完全可以改变所有元素原本的色彩，即改变色相、色饱和度和色明度，以满足摄影师的个性需求，同时也为摄影的艺术创作增加了更多的可能性。

例一 《梦幻胡杨林》

修改理由

1.原图发灰（见图2-25原图）。

2.胡杨叶子有点绿，缺少"金黄色"的壮美。

图 2-25《梦幻胡杨林》
邱兴文　摄影
佳能 5D MarkII
感光度 ISO100
光圈 F13
曝光时间 1/100s −1.3Ev

关键工具

色相 / 饱和度。

制作过程

1. 调整"阴影 / 高光"，挖掘明暗细节。

打开原图，执行"图像"→"调整"→"阴影 / 高光"命令，在控制面板中，因为原图反差较低，亮部和暗部的细节表现较好，所以对阴影和高光进行微调即可，点击"确定"，进行下一步操作，如图 2-26 所示。

2. 调整"色阶"，初步对亮度和对比度进行整体的调整。

打开图片，执行"图像"→"调整"→"色阶"命令，在弹出的色阶控制面板中，因为黑色滑块已经在直方图黑色刚开始的地方，所以只需将白色滑块往左移到直方图黑色开始的地方即可，点击"确定"，进行下一步操作，如图 2-27 所示。

图 2-26

3. 调整"曲线"，进一步调整反差，改善整体平淡的视觉效果。

执行"图像"→"调整"→"曲线"命令，在曲线控制面板中，将控制影调的对角直线调整为"S"形，然后进行预览，感觉到视觉效果满意后点击"确定"，进行下一步操作，如图 2-28 所示。

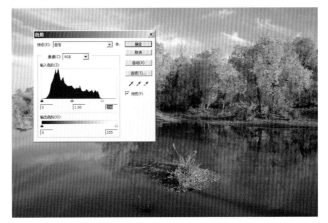

图 2-27

4. 调整"色相"，以获得良好的色彩效果。

执行"图像"→"调整"→"色相 / 饱和度"命令，在"色相 / 饱和度"控制面板的编辑选项中，选择"红色"，然后将控制色相的三角滑块向左慢慢调整，观察胡杨叶子的色彩变化，满意后点击

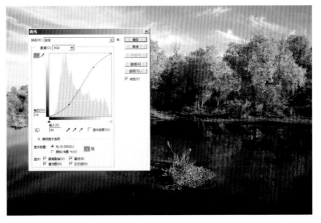

图 2-28

"确定",进行下一步操作,如图 2-29 所示。

5.调整"饱和度",让蓝天更蓝,让画面色彩更加绮丽梦幻。

执行"图像"→"调整"→"色相 / 饱和度"命令,在"色相 / 饱和度"控制面板的编辑选项中,选择"全图",然后将控制饱和度的三角滑块向右调整,边调整边观察整体色彩效果,满意后点击"确定",便完成操作,如图 2-30 所示。

图 2-29

图 2-30

例二 给宝宝更换背心颜色

在 Photoshop 中,利用"色相 / 饱和度"功能,只需调整"色相",图片的颜色就会发生变化。在控制面板的"编辑选项"中,默认为"全图"(图 2-31),全图是对图片中的全部色彩进行调整,如果选择其中某一颜色,则只是对图片中的这一颜色物体

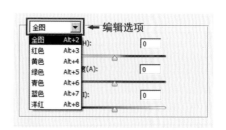

图 2-31

和包含这一颜色的物体进行调整。

下面这张照片（图 2-32），我们想给宝宝的背心换个颜色，如何操作呢？

图 2-32

因为宝宝的背心是青色的，而且整个画面只有背心是青色的，所以在编辑选项中选择"青色"，然后利用"色相 / 饱和度"功能，只需调整"色相"，背心的颜色便可随你选，如图 2-33 至图 2-37 所示。

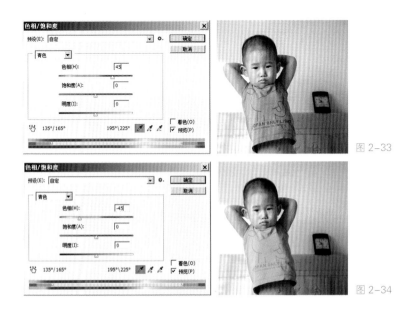

图 2-33

图 2-34

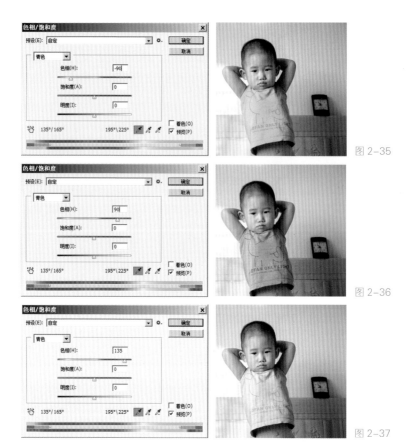

图 2-35

图 2-36

图 2-37

第三节 让颜色更纯正

画面色彩的鲜亮，是基于画面中各颜色的纯正，也就是说，每种颜色不掺杂其他颜色成分。在实际拍摄中，由于受空气中的雾霾、灰尘、烟雾等客观因素的影响，画面中景物的颜色常显得混浊，令人失望。

我们可以通过 Photoshop 后期制作，去掉干扰成分，使颜色纯正，画面的色彩就会重现饱和鲜亮的迷人效果。

色彩调整理论

每个颜色都有两个关联色和一个互补色。关联色左右邻近，相互支持；互

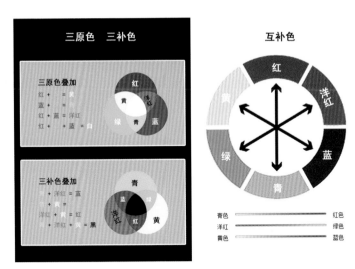

图 2-38

补色你进我退，相互干扰。从图 2-38 中可以看到，每种颜色各自的关联色和互补色。

图 2-39 《坝上金秋》 霍翠梅 摄影
佳能 5D MarkIII 感光度 ISO200 光圈 F11 曝光时间 1/320s 0Ev

互补色相互干扰是颜色变得混浊的原因，补色的含量越多，颜色就越混浊。所以除去互补色的混合干扰，颜色就会变得纯正纯粹，添加等量关联色，颜色就会变得浓重饱和。以红色为例，红色的补色是青色，关联色是黄色和洋红色。除去红色中的青色，红色就会变得纯正，添加等量黄色和洋红色，红色就会变得浓重饱和。

修改理由

原片整体发灰，颜色混浊，不通透（见图 2-39 原图）。

关键工具

利用"可选颜色"工具，对色彩进行高级调整。

执行"图像"→"调整"→"可选颜色"命令，就会弹出可选颜色控制面板，如图 2-40 所示。

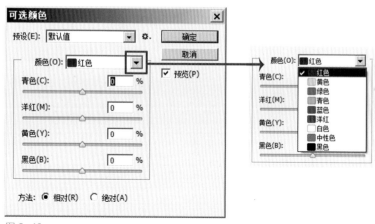

图 2-40

颜 色　点击"颜色"编辑选项右端标有黑色倒三角的按键，可以在下拉选项中选取要调整的颜色。

方 法　建议使用"相对"。因为用"相对"方法调整颜色，只能调整本身存在的油墨量，而用"绝对"方法除了能调整本身存在的油墨量，还能增加其他油墨量。

制作过程

在工具箱中选择裁剪工具，在裁剪工具属性栏中，清除长宽比例，实现自由裁剪，如左图所示。

图 2-41

执行"图像"→"调整"→"色阶"命令，在弹出的色阶控制面板中，调整输入色阶，将黑色滑块和白色滑块同时移动到直方图两端的"山脚处"，然后进行预览，感觉满意后点击"确定"。

图 2-42

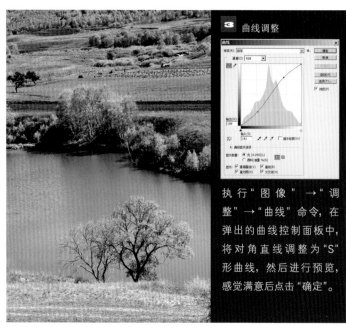

执行"图像"→"调整"→"曲线"命令，在弹出的曲线控制面板中，将对角直线调整为"S"形曲线，然后进行预览，感觉满意后点击"确定"。

图 2-43

执行"图像"→"调整"→可选颜色"命令，在可选颜色控制面板，将颜色选为红色，因为青色对红色干扰，所以将控制青色的滑块向左调整，以除去红色中的青色。注意：青色除去得越多，红色就越纯正。

图 2-44

5 让绿色更加纯正

执行"图像"→"调整"→可选颜色命令，在可选颜色控制面板中，将颜色选为绿色，因洋红色对绿色干扰，所以以控制洋红色的滑块向左调整，以除去绿色中的洋红。注意：洋红色除去得越多，绿色就越纯正。

图2-45

6 让蓝色更加纯正

执行""图像"→"调整"→可选颜色"命令，在可选颜色控制面板中，将颜色选为蓝色，因黄色对蓝色干扰，所以将控制黄色的滑块向左调整，以除去蓝色中的黄色。然后将控制青色和洋红的滑块向右调整，以添加等量的青色和洋红色，让蓝色更加浓重。

图2-46

思 考

1.改变颜色的样貌，应当选择哪种工具？

2.颜色显得混浊的原因是什么？

练 习

选一张颜色丰富的照片，按照颜色调整理论调整画面颜色，使其更鲜亮、纯正。

第三章　控制影调

第一节 滤镜与影调

影调，是摄影用于烘托气氛、表达情感的一个重要手段，如纯洁淡雅的高调、深沉肃穆的低调、硬朗粗犷的硬调、轻盈朦胧的软调、宁静冷峻的冷调和热烈温暖的暖调等。

影调是评判一幅照片创作成败的重要技术指标，因此，利用 Photoshop 对照片进行后期处理，首先要考虑影调的调整。那么，我们该如何调整呢？

图 2-47 《雪乡》刘江　摄影

佳能 5D MarkII 感光度 ISO400 光圈 F10 曝光时间 1/160s +1Ev

修改理由

原片影调平平，白雪显得脏（见图 2-47 原图），如果把照片影调调整为冷调，那么白雪就会显得洁白干净，整个画面将给人一种宁静肃穆的感觉（见图 2-47 效果图）。

关键工具

利用"照片滤镜"，就可以调整画面影调。"照片滤镜"的位置如图 2-48 所示。

图 2-48

制作过程

在 Photoshop 中打开原片，执行"图像"→"调整"→"照片滤镜"命令，在控制面板的"滤镜"选项中选择"冷却滤镜（82）"，"浓度"为默认值 25%，点击"确定"即可，如图 2-49 所示。

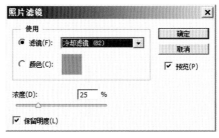

图 2-49

深入了解"照片滤镜"工具

在"照片滤镜"控制面板中，有滤镜、颜色、浓度、保留明度等内容，其各自功能为：

滤 镜 此选项内自带有各种颜色滤镜，用来控制图片的色调。

颜 色 可以自行设置想要的颜色。

浓 度 可以控制所选滤镜颜色或自选颜色的浓淡。此选项默认值为25%。

保留明度 勾选有利于保持图片的层次感。此选项默认为勾选。

预 览 一定要勾选，以便浏览使用颜色滤镜的效果。

不同的滤镜，能产生不同的效果。

图2-50 《晨》 邱钢 拍摄

1.加温滤镜（85）给人温暖的感觉（图2-51）。

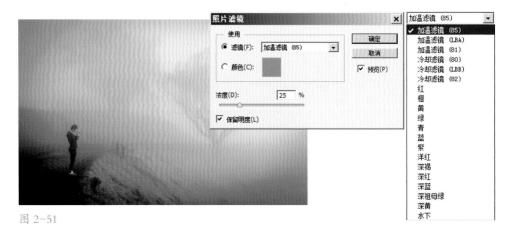

图2-51

2.冷却滤镜（80）给人一种宁静的感觉（图2-52）。

图2-52

3.冷却滤镜（82）强调了"宁静"的感觉（图2-53）。

图2-53

4.紫色滤镜给人神秘的感觉（图2-54）。

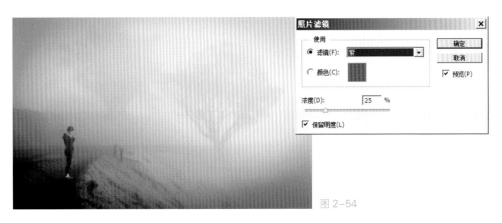

图2-54

5. 橙色滤镜给人亲切的感觉（图 2-55）。

图 2-55

6. 青色滤镜给人忧郁的感觉（图 2-56）。

图 2-56

第二节　曲线与影调

曲线与影调

一张照片的色调，是由 RGB（红、绿、蓝）三个通道组成的，在曲线功能中，要调整颜色，要先在通道位置选择要调整的颜色曲线，然后进行调整。

关键工具

"曲线"工具。

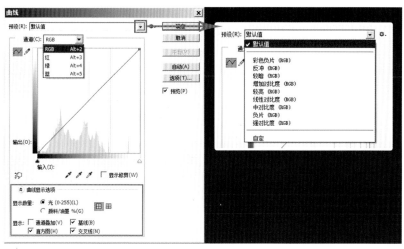

图 2-57

执行"图像"→"调整"→"曲线"命令后，就弹出"曲线"工具的控制面板，如图 2-57 所示。

预 设　在预设里有很多效果，选择一个预设，调整曲线即可以达到许多不同效果。当然，我们还可以在这一基础上加以调整。

通 道　默认是 RGB 通道，因为对所有的颜色都调整，所以也就变成了明暗对比度的调整。当然也可以更改通道，只选择对红、绿或蓝进行调节。

图 2-58

曲线显示选项 提供几种效果和一些曲线功能的设置，一般不会去动它。

调整理论

以这张图片为例（图 2-58），来示范曲线对影调的影响，如图 2-59 所示：

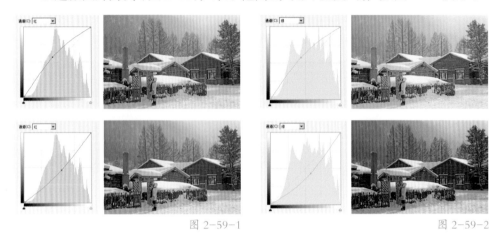

图 2-59-1　　　　　　　　　　　　　　　　　　　　图 2-59-2

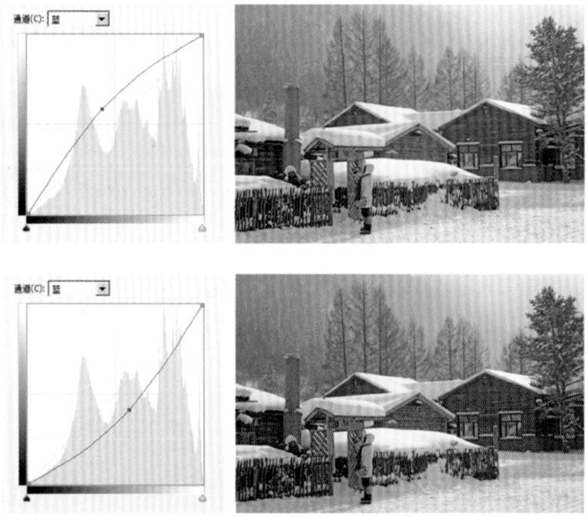

图 2-59-3

从上图中得出结论：

红色通道：曲线向上，增加红色；曲线向下，增加红色的补色——青色

绿色通道：曲线向上，增加绿色；曲线向下，增加绿色的补色——洋红色

蓝色通道：曲线向上，增加蓝色；曲线向下，增加蓝色的补色——黄色

互补色：相互干扰，你进我退。

例一　暖　调

图 2-60《我心飞翔》 刘江　摄影

佳能 5D MarkIII 感光度 ISO200 光圈 F16 曝光时间 1/640s 0Ev

修改理由

原图整体发灰、发闷，颜色混浊，不通透，画面缺少统一的基调（图 2-60）。

制作过程

1. 选红色通道增加红色。

执行"图像"→"调整"→"曲线"命令，在曲线控制面板中，通道选红，

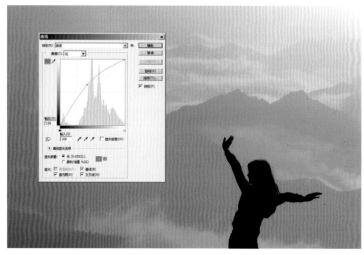

图 2-61

向上拉动曲线，增加红色，如图 2-61 所示。

2. 选绿色通道加洋红色。

回到"曲线"通道窗口，把"通道"改选为"绿"，因绿色和洋红色互为补色，按照互补色"你进我退"的规律，向下拉动曲线减少绿色，就会增加洋红色，如图 2-62 所示。

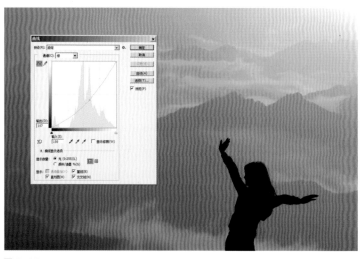

图 2-62

3. 选蓝色通道加黄色。

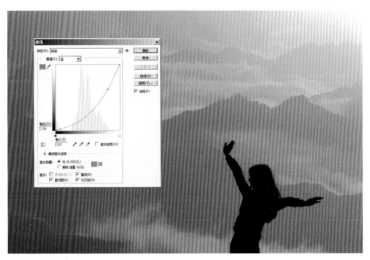

图 2-63

回到"曲线"通道窗口，把"通道"改选为"蓝"，因蓝色和黄色互为补色，同样，向下拉动曲线减少蓝色，就会增加黄色，如图 2-63 所示。

4. 回到 RGB 通道，增加反差。

回到"曲线"通道窗口，把"通道"改选为"RGB"，将对角直线调整为"S"形曲线，以增加画面反差，如图 2-64 所示。

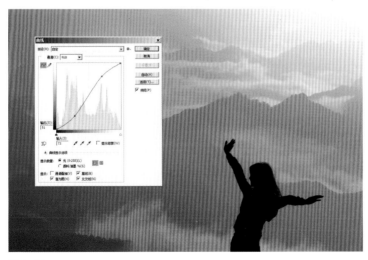

图 2-64

例二 冷 调

图 2-65《童话世界》 刘江 摄影
佳能 5D MarkIII 感光度 ISO1000 光圈 F8 曝光时间 1/60s +1.5Ev

修改理由

原图颜色过于灰暗，缺乏意境（见图 2-65 原图）。

制作过程

执行"图像"→"调整"→"曲线"命令，在曲线控制面板中，

1.选择红色通道，向下拉动曲线，减去红色，增加青色。

2.选择绿色通道，向上拉动曲线，减去洋红色，增加绿色。

3.选择蓝色通道，向上拉动曲线，减去黄色，增加蓝色。

4.回到 RGB 通道，将曲线拉为"S"形曲线，增加明暗反差。

第三节 重设白平衡以获取完美影调

在摄影创作中，我们可能都有这样的经历，白平衡设定非常准确，色彩还原也非常准确，但画面却显得平淡无奇，缺乏生气和意境。这是因为画面缺乏一个统一的基调。我们可以利用 Photoshop 软件，重新设定图片的白平衡，有意让画面产生一种基调，来增加图片的艺术性。

关键工具

运用"Camera Raw"工具中的"白平衡调整"功能，就可以重新获得理想的影调。"Camera Raw"工具中的白平衡调整功能包含有"色温"和"色调"两项内容，如图 2-66 所示。将控制

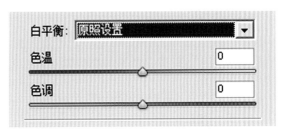

图 2-66

色温的滑块向左调整，画面会偏冷色，向右调整，画面就会偏暖色；将控制色调的滑块向左调整，画面会偏绿色，向右调整，画面会偏洋红色。因为"色温"和"色调"的组合是多种多样的，所以就会产生多种多样的影调结构，这就需要在调整时大胆组合，多多尝试。

"Camera Raw"是一款调整 RAW 图像格式的强大工具。RAW 格式的图片在装有 Camera Raw 插件的 PS 中打开时就自动进入"Camera Raw"界面（如果您的 RAW 格式文件打不开，就需要将 Camera Raw 进行升级），而 JPEG 格式和 TIFF 格式的图片则不会自动进入"Camera Raw"界面，如果这两种格式的图片在打开时也想使用"Camera Raw"工具，就必须在 Photoshop 中先进行设置：

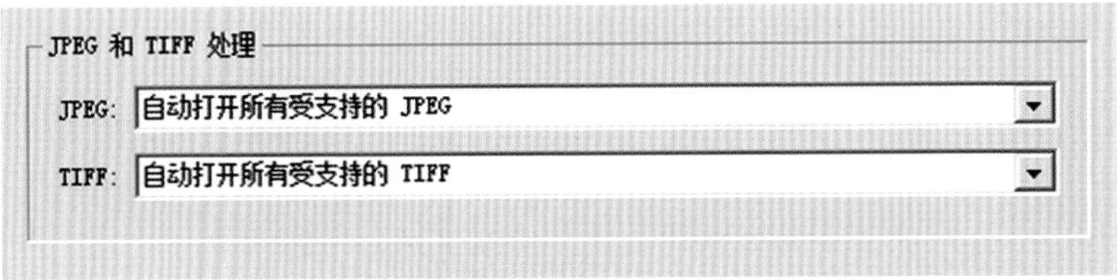

图 2-67

　　打开 Photoshop，执行"编辑"→"首选项"→"Camera Raw"命令，就会弹出"Camera Raw"首选项控制面板，在控制面板最低端"JPEG 和 TIFF 处理"内容中，设置 JPEG 为"自动打开所有受支持的 JPEG"；设置 TIFF 为"自动打开所有受支持的 TIFF"。设置完毕后点击"确定"即可，如图 2-67 所示。

例一　温暖的暖调

图 2-68 《晨曦》 刘江　摄影

佳能 5D MarkII　感光度 ISO200　光圈 F14　曝光时间 1/200s　−1.3Ev

修改理由

原片画面色调显得平淡。

制作过程

1. 进入"Camera Raw"编辑界面。

"Camera Raw"是编辑 RAW 文件的强大工具,如果照片的格式是 RAW 格式,在应用 Photoshop 打开时,就会自动进入"Camera Raw"编辑界面,如图 2-69 所示。

2. 在"Camera Raw"编辑界面中重设"白平衡"。

在"Camera Raw"编辑界面的右上方有"白平衡"调整功能,内有"色温"和"色调"两项调整内容,将控制色温的滑块向右滑动,数值为+100,同时将控制色调的滑块向右滑动,数值为+100,此时画面就变为暖色调,如图 2-70 所示。调整结束后点击右下方的"打开图像",进入 Photoshop 界面。

3. 调整"曲线"增加反差。

执行"图像"→"调整"→"曲线"命令,会弹出一个"曲线"控制面板,在控制影调的对角线中添加两个控制点,将对角直线调整为"S"形曲线,以增加画面反差,如图 2-71 所示。边调整边预览,感觉满意后点击"确定"即可。

图 2-69

图 2-70

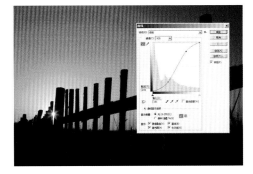

图 2-71

例二 宁静的冷调

图 2-72 《傲骨》 刘江 摄影

佳能 5D MarkII 感光度 ISO400 光圈 F13 曝光时间 1/250s +1Ev

修改理由

原图画面色调显得平淡（见图 2-72 原图）。

制作过程

1. 进入"Camera Raw"编辑界面。

"Camera Raw"是编辑 RAW 文件的强大工具，如果照片是 RAW 格式，在应用 Photoshop 打开时，就会自动进入"Camera Raw"编辑界面，如图2-73 所示。

图 2-73

2. 在"Camera Raw"编辑界面中重设"白平衡"。

在"Camera Raw"编辑界面的右上方设有"白平衡"调整区，内有"色温"和"色调"两项调整内容，将控制色温的滑块向左滑动，数值为 –38，同时将控制色调的滑块向左滑动，数值为 –32，此时画面就变为冷色调，如图 2-74 所示。调整结束后点击右下方的"打开图像"，进入 Photoshop界面。

3. 调整"色阶"。

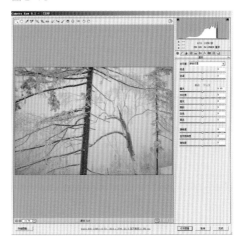

图 2-74

执行"图像"→"调整"→"色阶"命令，在色阶面板中调整输入色阶，将黑色滑块往右移动到直方图黑色开始的地方，同时将白色滑块往左移动到直方图黑色开始的地方，点击"确定"，如图2-75 所示。

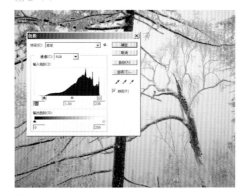

图 2-75

第四节 影调对比

在彩色摄影中，单一的影调结构，如冷调或暖调，会使画面色彩和谐自然。如果在画面中出现冷暖影调的对比，即冷中有暖，暖中有冷，就会赋予画面鲜明、生动的艺术感染力，产生一种独特意境，能更好地渲染作品主题。

在一幅画面中，若冷暖各占一半，就会破坏画面和谐。为了获得和谐自然的画面，就要合理运用影调对比手法，处理原则为"夸大一方，消弱一方"，即"大暖中有小冷"或"大冷中有小暖"。

应用 Photoshop 中的曲线工具，就可以改变画面单一的影调结构，使画面产生冷暖影调对比。

关键工具

"曲线"工具。

在"曲线"面板中对角直线的两个端点分别表示图像的高光点和暗调点，直线的其余部分统称为中间调。对角

图 2-76 《长城风云》 刘江 摄影
佳能 5D MarkII 感光度 ISO1000 光圈 F11 曝光时间 1/100s 0Ev

直线左下方的 1/4 处，为暗部控制点。对角直线右上方的 3/4 处，为亮部控制点，对角直线中间，为中间调控制点。

调整原理

以图 2-76 为例，示范运用"曲线"改变影调的方法。

图 2-76 原图影调单一，如果将天空泛白部分调整为暖调，将乌云调整为蓝色调，将草地调整为绿色调，画面就形成冷暖对比的影调结构。调整方法如下：

1.将天空泛白部分调整为暖调。

因天空的泛白部分属于亮部区域，故选择红色通道，向上拉动亮部控制点即可。在调整之前先添加中间调控制点和暗部控制点，以保持对角直线左下部平直，保证中间影调和暗部区域不受影响，如图 2-77-1 所示。

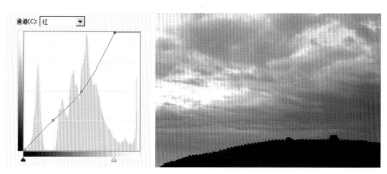

图 2-77-1

2.将乌云调整为蓝调。

因乌云属于中间调，故选择蓝色通道，向上拉动中间调控制点即可。在调

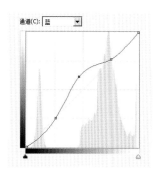

图 2-77-2

整之前先添加暗部控制点和亮部控制点，以保证高光和暗部不受影响，如图2-77-2所示。

3.将地面草地调整为绿调。

因草地属于暗部区域，故选择绿色通道，向上拉动暗部控制点即可。在调整之前先添加中间调控制点和亮部控制点，以保持对角直线右上部平直，保证中间影调和亮部区域不受影响，如图2-77-3所示。

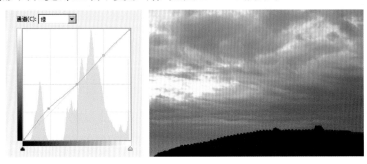

图 2-77-3

从上例可以得到以下结论：

1.调整哪个区域，就拉动哪个区域的控制点。

2.增加哪种色调，就选择哪种颜色的通道；向上拉动，添加本颜色，向下拉动，添加本颜色的补色。

3.拉动幅度越大，效果就越明显。

4.在调整前，为保证其他区域影调不受影响，需要在此区域添加控制点，以保持此区域的对角直线为平直状态。

冷暖对比增加艺术感染力

修改理由

原图白雪有点脏，画面影调结构不明显，如果将整个画面调整为冷调，再将天空高光部分调整为暖调，就会使画面形成冷暖对比的影调结构，以增强画面艺术感染力。

制作过程

1.将画面调整为冷调。

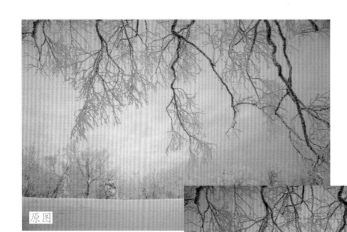

原图

打开原图，执行"图像"→"调整"→"照片滤镜"命令，在面板中，使用"冷调滤镜（82）"，如图 2-79 所示，适当调整滤镜浓度，满意后点击"确定"。

效果图

图 2-78《银妆素裹》刘江　摄影
佳能 5D MarkIII 感光度 ISO1000 光圈 F8 曝光时间 1/60s +1.5Ev

2. 调整画面反差。

执行"图像"→"调整"→"色阶"命令，在控制面板中，调整输入色阶，将黑色滑块往右移到直方图黑色开始的地方，同时将白色滑块往左移到直方图黑色开始的地方，如图 2-80 所示，效果满意后点击"确定"。

3. 将天空高光部分调整为暖调。

执行"图像"→"调整"→"曲线"命令，在控制面板中，选择红色通道，添加中间调控制点和暗部控制点，以保证对角直线左下部平直，然后将高光控制点向上（向左）拉动，添加红色影调，如图

图 2-79

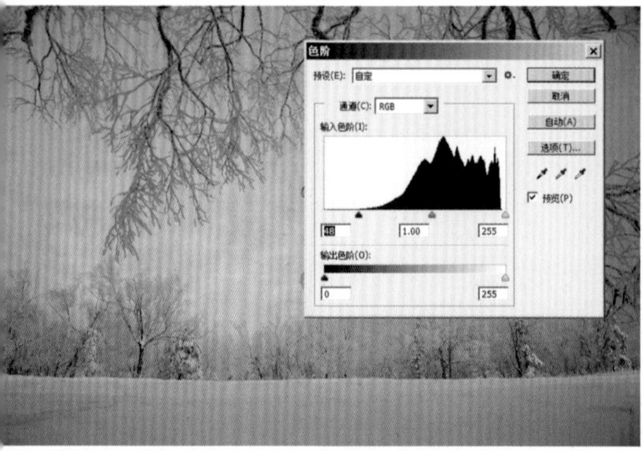

图 2-80

图 2-81

图 2-82

2-81 所示，效果满意后点击"确定"。

4. 增加画面饱和度。

执行"图像"→"调整"→"色相／饱和度"命令，在控制面板中，给全图适当增加饱和度，如图 2-82 所示，效果满意后点击"确定"。

思　考

1.控制画面影调的方法有哪些？

2.在画面中若出现冷暖影调对比，怎样调整可以使画面和谐？

练　习

选择一张影调单一的彩色风光照片，应用Photoshop中的曲线工具，使画面产生冷暖对比效果，以增强艺术感染力。

第四章　挖掘质感与细节

第一节　关于锐化

锐化是一种提高边缘反差的数码后期制作技术。锐化可以改变数码照片发"软"的缺点，让影像更加清晰和锐利，从而使观者产生一种视觉舒适感。但是锐化使用不当或锐化过度，影像就会显得不自然、不真实。因此，锐化调整时应该做到小心谨慎。

在 Photoshop 中有许多锐化工具。执行"滤镜→锐化"命令，会出现 USM 锐化、防抖、进一步锐化、锐化、锐化边缘和智能锐化等选项。如果直接使用它们，就会对影像进行全部锐化，结果会损失影像细节，并产生杂色。为避免直接锐化造成的失真，常用的锐化方法有三种：高反差保留锐化、Lab 明度锐化和质感表现锐化。

锐化要点

锐化是数码后期处理的最后步骤，锐化的程度取决于两个方面：一是输出尺寸；二是输出纸张的表面肌理。锐化要本着"宁欠毋过"的原则，因为锐化不足还可以继续进行，而一旦锐化过度，则无法恢复，只能重新制作了。

深入了解锐化

锐化中常见的参数有数量、半径和阈值。

数　量　控制锐化效果的强度，数量一般为100%~150%。

图 2-83

半　径　决定景物边缘周围受锐化影响的像素数量。通常设置得较小，以防止景物边缘出现亮边。

阈　值　决定多大反差的相邻像素边界可以被锐化处理，通常也设置得较小。如果设置为0，就意味着包括画面中的所有像素。为了避免在平滑的影调区出现不必要的噪点，可以设置得稍大些。

第二节 高反差保留锐化

所谓高反差保留锐化，目的是重点锐化影像的边缘，而不是锐化影像的全部，这种锐化方式对噪点和色彩影响较小，是一种常用的锐化方法。

图2-84 《壶口老人》 刘江　摄影
佳能 5D MarkII 感光度 ISO800 光圈 F5
曝光时间 1/8000s 0Ev

制作过程

1. 复制背景图层。

打开原图，按快捷键"Ctrl+J"复制背景图层，得到"图层 1"图层。如图
2-85 所示。

图 2-85

2. 使用"高反差保留"工具。

执行"滤镜"→"其它"→"高反差保留"命令，如图 2-86 所示，在弹出

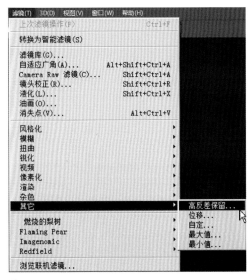

图 2-86

的控制面板中，设定半径数值。此数值设定要根据图片内容而定，原则是只将
需要锐化的部分显现出来即可，如图 2-87 所示。

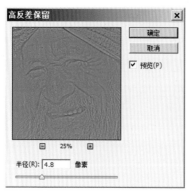

图 2-87

3. 除去该图层中的颜色。

执行"图像"→"调整"→"去色"命令，除去该图层中其他颜色的干扰，
如图 2-88 所示。

4. 选择图层混合模式。

在图层控制面板中，将图层 1 的混合模式选为"柔
光"，如图 2-89 所示，这样就能看到锐化后的效果。

图 2-88

锐化要点

如果锐化程度不够，直接复制"图层 1"图层，锐化
就会加强，复制的图层越多，锐化程度就越强。

图 2-89

第三节 Lab 明度锐化

"Lab 颜色"模式下的通道有三个：一个明度通道和 a、b 两个颜色通道，选中明度通道进行"USM 锐化"，可以避免产生更多的干扰像素点和颜色噪点，从而使锐化更精细。

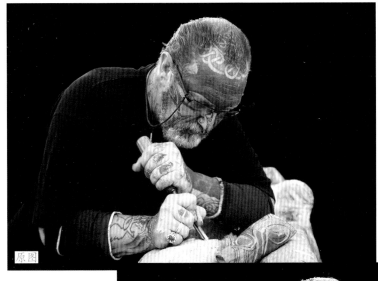

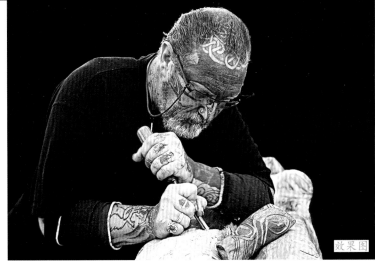

图 2-90《发扬传统》 梁启贤　摄影
佳能 5D MarkII 感光度 ISO400 光圈 F4.5 曝光时间 1/50s 0Ev

制作过程

1.复制背景图层。

打开原图，查看图层面板，按快捷键"Ctrl+J"复制背景图层，得到"图层 1"图层，如图 2-91 所示。

2.转化为"Lab 颜色"模式。

执行"图像"→"模式（M）"→"Lab 颜色（L）"命令，在弹出的提示对话框中，选择"不拼合"，如图 2-92 所示。

图 2-91

图 2-92

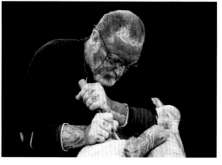

3.选中"明度"通道。

执行"窗口→通道"命令，在通道控制面板中，点击"明度"通道，如图 2-93 所示。

图 2-93

4.两级"USM 锐化"。

对明度通道进行两次"USM 锐化"，第一次锐化半径大些，第二次锐化半径小点，如图 2-94 所示。

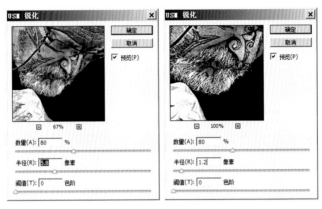

图 2-94

5. 回到"RGB 颜色（R）"模式。

执行"图像"→"模式（M）"→"RGB 颜色（R）"命令，在弹出的提示对话框中，选择"不拼合"，锐化结束，如图 2-95。

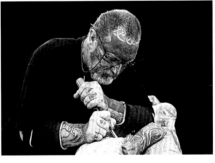

图 2-95

第四节 质感锐化

质感锐化，从字面上理解，就是强调画面质感，其原理是通过应用图像的方式去插值换算其质感和纹理，让其明显地浮现出来。

制作过程

1. 复制两个背景图层。

图 2-96《岁月》 赵徐宏 摄影

佳能 5D MarkII 感光度 ISO200 光圈 F32 曝光时间 1/6s -1Ev

打开原图，查看图层控制面板，按快捷键"Ctrl+J"两次，得到"图层 1 和图层 1 拷贝"两个背景图层，然后将图层 1 重命名为"下面"，图层 1 拷贝重命名为"上面"，如图 2-97 所示。

图 2-97

2. 对"下面"图层做表面模糊处理。

隐藏"上面"图层，选中"下面"图层，对"下面"执行"滤镜"→"模糊"→"表面模糊"命令，在弹出的"表面模糊"控制面板中，将"半径"和"阈值"选为默认值即可，点击"确定"，如图 2-98 所示。

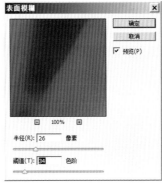

图 2-98

3. 对"上面"图层执行"应用图像"命令。

隐藏"下面"图层，选中"上面"图层，对"上面"图层执行"图像"→"应用图像"命令，在"应用图像"控制面板中，"图层"选项选择"下面"，"混合（B）"选项选择"减去"，其他为默认值即可，点击"确定"，如图 2-99 所示。

图 2-99

4. 选择图层混合模式为"线性光"。

回到图层控制面板上，选择图层混合模式为"线性光"，如图 2-100 所示。

这时就会看到图中车轮的质感已得到加强（如图 2-96 效果图所示）。

图 2-100

思 考

1.锐化的意义是什么?

2.锐化的方法有哪几种? 各有什么特点?

练 习

请选择一张秀发飘飘的女模特近景或特写照片,利用"Lab明度
锐化"方法进行锐化处理,然后对比前后效果,写出调整心得。

第五章　局部调整和 RAW 格式调整

第一节　局部调整

很多时候，一张照片的明暗和色彩关系是极其复杂的，如果只是对画面作整体调整，有时很难达到理想效果。但是，若能对照片的局部瑕疵以及明暗或色彩关系进行细心调整，便可以达到预期的效果。

通过学习前面的知识，我们已经知道调整影像明暗的主要工具是色阶和曲线，调整影像色彩的主要工具是色彩平衡、色相 / 饱和度和可选颜色等。因此，我们只要掌握选择局部的方法，就能针对照片局部进行调整。那么，如何选择照片的局部呢？

关键工具

快速选择工具

适合选择照片中色调单一的区域 ; 适合在反差较大的景物中，对某一物体进行快速选取。对某一区域拖动鼠标涂抹，此区域就会被选中，由于它具有自动感知功能，所以就可以用它来快速精确地选择某个区域。

魔棒工具

适合选择照片中色调单一的区域。点击某一区域，那么和此区域颜色或明暗相同相近的部分就会被选中。魔棒工具不能做到像快速选择工具一样精确。

套索工具

适合选择随意性大的选区。拖动鼠标就可绘制任意形状选区。按住 Alt 键绘制，就转换为多边形套索工具。

多边形套索工具

适合选择轮廓直线明显的物体，选择弧形曲线的物体就会十分困难。

运用时先选一个位置作为起点，点击鼠标，然后移动鼠标拉出一条直线，再点击鼠标，再拉动，重复此操作就可以绘制出一个多边形的选区。按住 Alt 键绘制，就转换为套索工具。按 Delete 键，可以后退一步。

磁性套索工具

适合选择颜色与颜色差别比较大的物体。

运用时先选一个位置作为起点，点击鼠标，然后移动鼠标，就会出现一条跟踪的线，这条线总是贴近颜色与颜色边界处，边界越明显磁力越强，将首尾连接后可点击鼠标，即完成选择。按 Delete 键，可以后退一步。

工具属性栏

新选区 建立一块新的区域。

添加到选区 属于"并集"，是在原有的选区上添加，从而扩大原有选区。

从选区中减去 属于"差集"，是在原有的选区上减小，从而缩小原有选区。

与选区交叉 属于"交集"，是新选区与原选区的公共部分。

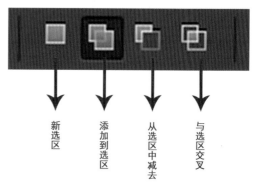

选框工具、套索工具、魔棒工具属性栏部分内容示意图

新选区　　添加到选区　　从选区中减去　　与选区交叉

图 2-101

为了让选区选择更加精准，在选用时一定要将这几个工具结合起来运用。

局部的精细调整

修改理由

原图灰蒙，色彩暗淡，需要分别对天空和地面进行明暗和色彩调整，目的是让照片显得通透美观（见图 2-102 原图）。

制作过程

1. 运用"阴影／高光"，再生明暗细节。

打开原图，执行"图像"→"调整"→"阴影／高光"命令，在控制面板中，分别对阴影和高光数量进行调整，让图片暗部和亮部的细节更加丰富，如图

图 2-102《秋色》刘江 摄影
尼康 D200 感光度 ISO200 光圈 F18 曝光时间 1/60s 0Ev

2-103 所示。

　　2. 运用"色阶"，调整全图反差。

　　执行"图像"→"调整"→"色阶"命令，在控制面板中，将"输入色阶
（I）"左边的黑色滑块往右拖动至"山脚"处，如图 2-104 所示。

3. 运用"魔棒工具",选择天空高光部分。

在工具箱中选择"魔棒工具",并在工具属性栏中选择"添加到选区",其他选项为默认状态。然后连续点击图片中天空云彩的高光部分,直到把高光部分都选上,如图 2-105 所示。

图 2-103

4. 反向选择,羽化选区。

执行"图像"→"反向(I)"命令,选区被反选,即图片中除高光以外的部分被选择;按羽化快捷键"Shift+F6",在羽化控制面板中,设置"羽化半径"为15,对选区进行羽化,如图 2-106 所示。

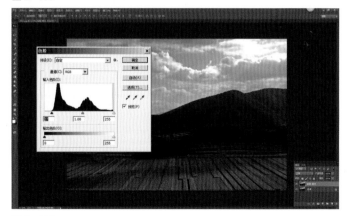

图 2-104

5. 运用"色阶",提高选区亮度。

执行"图像"→"调

图 2-105

整"→"色阶"命令，在控制面板中，将"输入色阶"右边的黑色滑块往左拖至"山脚"处，如图2-107所示。

6. 运用"快速选择工具"，把天空单独选择出来。

在工具箱中选择"快速选择工具"，在属性栏中选择"添加到选区"，设置画笔大小［键盘上的大（中）括号左右键可以控制画笔大小］，把鼠标放在天空处拖动涂抹，直到把天空全部选择为止。按"Shift+F6"，在羽化控制面板中，设置"羽化半径"为5，对选区进行羽化，如图2-108所示。

注意：如果选区超出天空进入地面，可以在属性栏中选"从选区中减去"，然后把超出的选区减去。

图 2-106

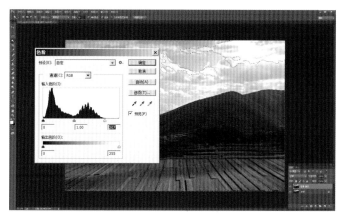

图 2-107

图 2-108

7. 给天空添加"冷却滤镜（82）"，让蓝天变蓝，白云变纯净。

执行"图像"→"调整"→"照片滤镜"命令，在控制面板中，使用"冷却滤镜（82）"，如图 2-109 所示。

图 2-109

8. 运用"套索工具"，对地面进行选择。

在工具箱中选择"套索工具"，沿地面拖动鼠标，把地面大致选择起来，然后按"Shift+F6"，对选区进行羽化，羽化半径为 120，点击确定，如图 2-110 所示。

图 2-110

9. 运用"色阶"，提高地面亮度。

执行"图像"→"调整"→"色阶"命令，在控制面板中，将"输入色阶"右边的黑色滑块往左拖至"山脚"处，如图 2-111 所示。

10. 运用"曲线"，增加画面反差。

图 2-111

执行"图像"→"调整"→"曲线"命令，将控制面板中的对角直线调整为"S"形曲线，以增加画面反差，如图2–112所示。

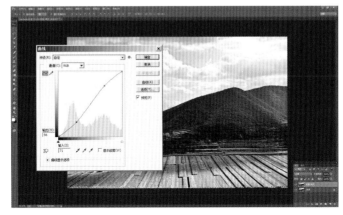

图2–112

11.运用"色相／饱和度"，适当增加画面饱和度。

执行"图像"→"调整"→"色相／饱和度"命令，在控制面板中，将控制饱和度的三角滑块向右滑行，画面就会变得鲜艳，饱和。满意后点击"确定"，如图2–113所示。

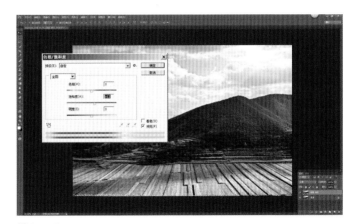

图2–113

12.运用裁剪工具，裁剪画面。

在工具箱中选择裁剪工具，将天空曝光过度的部分裁剪掉，使画面更加完美，如图2–114所示。

图2–114

关于羽化

执行"选择"→"修改"→"羽化"命令，或者按快捷键"Shift+F6"，就能调整羽化大小。

羽化是对选区的边缘宽度和边缘过渡进行模糊的命令，做完选区，一定要先对选区进行羽化，然后再调整。羽化值越大，在调整时边缘反应的范围就越宽，边缘过渡就越自然；羽化值越小，在调整时边缘反应的范围就越窄，边缘过渡越突兀。羽化值一定要根据具体要求来确定。

第二节 RAW 格式的初级调整

RAW 格式属于无损压缩的图像格式，不会对原始数据造成损伤，所以用 RAW 格式记录的影像细节丰富，色彩信息多，而且后期调整空间大。如果要进行摄影创作，毫无疑问要选择 RAW 格式，而不是 JPEG 格式。

用 RAW 格式记录的影像，在显示器上观看，你会发现亮部不够亮，暗部不够暗，画面灰灰的……其实，这是因为它保留了足够多的细节，我们完全可以在后期制作时将灰去掉，获得一幅细节丰富、色彩逼真的摄影画面。

Photoshop 自带一款名为"Camera RAW"的插件，在 Photoshop 中打开 RAW 格式图片，图片会自动进入"Camera RAW 控制面板"。调整 RAW 的步骤是：

1. 先在"Camera RAW 控制面板"中对图片进行初级调整。

2. 点击控制面板右下方"打开图像"按钮，图片就进入 Photoshop 内，然后作进一步调整。

在 Photoshop 中打开需要调整的 RAW 格式图片，图片会自动进入"Camera RAW 控制面板"，如图 2–116 所示。在面板的右边有很多调节选项，我们怎么进行初级调整呢? 在这个控制面板中，分 1、2、3 三个区，对每个区进行单独调整就可以了。

图 2-115 《巴音布鲁克之恋》 游程明 摄影

佳能 EOS6D 感光度 ISO100 光圈 F8 曝光时间 1/160s 0Ev

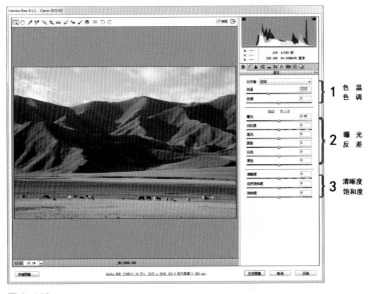

图 2-116

调整过程

1. 调整"色温"和"色调"。

原图的白平衡控制得不错，但也可以略微调整，以使天更蓝，草更绿一些。因此，在色温设置栏，适当降低一点色温，在色调设置栏，适当增加一点绿，如图 2-117 所示。

图 2-117

调整"色温"和"色调"实际上是对原图的白平衡进行重新设置。通过调整，画面仍旧发灰，这是因为反差小的原因。接下来，我们对反差进行调整。

2. 调整"曝光"和"反差"。

在这一区域，第一个是曝光设置栏，很多人会先进行"曝光"调整，这是一个误区，尤其是增加曝光，会丢失很多细节。

正确的调整方法是从下往上调整，顺序是"黑色"→"白色"→"阴影"→"高光"→"对比度"；调整完"对比度"之后，画面反差就增加了。如果暗部或亮部细节丢失，再从"对比度"开始往下调整，顺序是"对比度"→"高光"→"阴影"→"白色"→"黑色"，以找回暗部或亮部细节，如图 2-118 所示。

每个参数设置多少，要根据具体的照片而定，基本原则是保证亮部有层次，

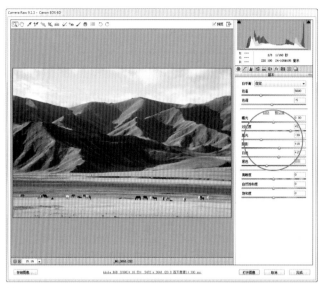

图 2-118

暗部有细节。经过这一步对每一项单独调整，画面的明暗反差和色彩对比就会拉开，画面得到明显的改善。

3. 调整"清晰度"和"饱和度"。

这一步主要是调整画面的"清晰度"和"饱和度"。在"清晰度"设置栏中，

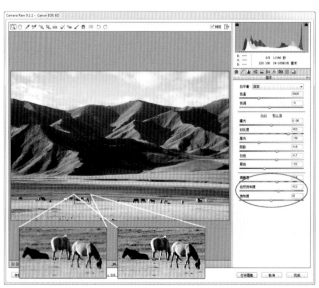

图 2-119

将滑块向右滑动得越多，画面越清晰，如图 2-119 所示。需要注意的是，增加图像清晰度，实际上是加强边缘轮廓，这时画面噪点也会随之增加。对于风光摄影来说，可以适当增加清晰度，如果对人像增加清晰度，人物面部的缺陷会暴露得更明显。因此，对清晰度的调整需要谨慎。

在"饱和度"的调整中，可以根据具体画面需要，适当降低或提高饱和度。对"自然饱和度"的调整，画面色饱和度变化的程度要轻一些，而对"饱和度"的调整，画面色饱和度变化的程度要重一些。我们知道，饱和度过高，画面就会失真，所以对自然饱和度作适当调整就可以了。

通过这三步调整，画面效果得到大大改善，也完成了图像的初级调整，接下来点击面板右下方的"打开图像"按钮，进入 Photoshop 界面，进行深入调整。

当然，在"Camera RAW"控制面板中，我们还可以进入"色调曲线""细节""HSL/灰度""分离色调""镜头校正"等控制面板中进行深一步调整，如

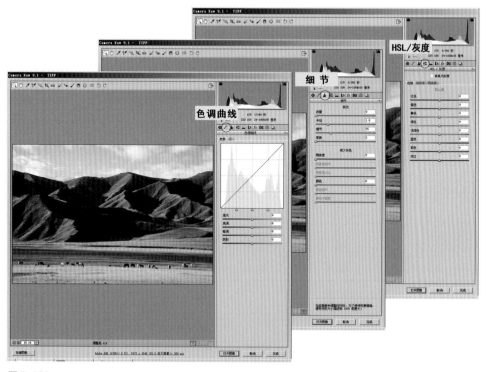

图 2-120

图 2-120 所示，所以 RAW 格式的调整空间非常大。

　　对 RAW 格式进行调整，如果缺乏必要的曝光知识和色彩知识，效果就很难让人满意。因此，不能忽略基础知识的学习，应在理论指导下多实践，逐渐找到窍门，对图像的调整就会游刃有余了。

思　考

1.为什么要对画面局部进行单独调整？

2.在 "Camera RAW" 插件中调整曝光和反差, 顺序是怎样的?

练　习

　　请找一张明暗反差较大的照片，按照第一节 "局部调整" 所讲知识，尝试对照片局部进行精细化调整。调整结束后对比前后效果，写出调整心得。

03 PART

题材篇

经过前两篇摄影后期制作知识的学习，熟悉了Photoshop软件，掌握了各种工具的基本用法。那么，我们是不是就能应对各种题材图片的后期处理了呢？是不是就能成为"后期制作高手"了呢？

就Photoshop技术本身而言，通过认真学习，掌握且熟练运用并不难，难就难在对各题材制作程度的把握以及对各图像制作思路的梳理上。不同题材的作品，有不同的制作方法和规范，真正的后期制作高手，不只是技术熟练，更重要的是对各题材的驾御能力，能利用技术突出作品的主题，呈现作品的艺术性。

本篇将分别讲解几个主要题材的制作思路和方法，供学员参考。另外，图层和蒙版是Photoshop的重要工具，也将在本篇讲解，一旦掌握图层和蒙版的运用，将会为你的创作插上腾飞的翅膀。

《骏马奔腾》 王俊辰　摄影
尼康 D3X 感光度 ISO800 光圈 F11 曝光时间 1/200s −0.3Ev

第一章　图层和蒙版

第一节 图层

图层和蒙版都是 Photoshop 中非常强大的工具，它们为影像的合成和创意插上了想象的翅膀。

图层

"图层"是把一幅幅图像依次叠放在一起，每个图层就像一张独立的幻灯片，上面有图像、文字或其他元素。

对图层进行编辑时，可以对每个图层进行单独编辑或重复编辑，且不会影响其他图层，即"非破坏性编辑方式"，改变图层顺序和叠加方式，可以让你的想象变为可能。

结合图 3-1 我们来认识一下图层控制面板各功能。

1. 混合模式

混合模式是让当前图层与下面图层产生关系。在混合模式的下拉菜单中有许多混合选项，不同的混合选项会产生不同的视觉效果。

2. 图层名称

双击图层名称可以对图层进行重命名。

3. 隐藏显现

在每个图层的左边，都有一个"眼球图标"，点击此图标可以实现图层的隐藏和显现。

4. 图层链接

如果几个图层被锁链链接，表示它们在被移动时，会一起移动。

5. 图层样式

具有许多样式可选，可为当前所选的图层添加外发光、投影效果等。

6. 图层蒙版

蒙版能帮助我们控制图层画面局部的隐藏和显现，是影像合成最重要的工具。

7. 创建新的填充和调整图层

点击此按钮，在下拉菜单中有许多选项，如"曲线""色阶""色彩平衡"等常用工具，这些工具和"图像"→"调整"内的工具有相同功能，利用这些工具的最大优点是能自动建立一个调整图像，不会对原图产生破坏，以保证画面的品质。

8. 图层组

创建图层组管理层，以便更好地管理图层。

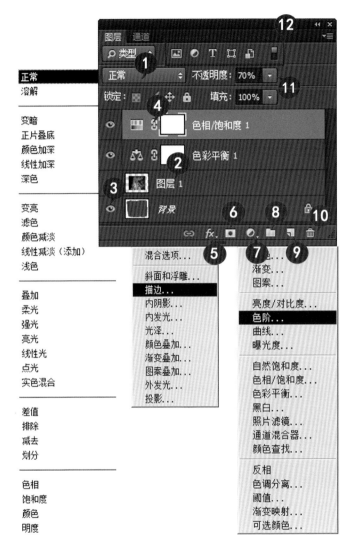

图 3-1

9. 新建图层和复制图层

直接点击此按钮，新建一个图层"图层 1"，将图层拖动到此按钮上，就可以复制一个图层。

10. 删除图层

将不需要的图层直接拖到"垃圾桶"图标的按钮上，就会删除此图层。

11. 图层不透明度

如果一个图层的不透明度为 0，那么此图层就像透明玻璃一样，下面的图层会被看到；如果不透明度为 100%，那么它下面的图层是看不到的；如果不透明度在 0~100% 之间，图层之间就会发生叠加关系，创造出不同的效果。

12. 图层分类管理

Photoshop CC 的新功能，可以分类显示图层中的图像层、调整图层和文字图层等。

第二节 蒙版

蒙版的最大作用是控制画面的局部调整和隐藏图层的局部内容，点击图层面板（图 3-2）下方的"添加图层蒙版"按钮给图层添加蒙版（如图红圈 1 所示），在工具箱内选择"画笔工具"（如图红圈 2 所示），并将前景色设置为黑色，背景色设置为白色（如图红圈 3 所示），在需要保留的内容上涂抹。

为了让上下图层完美融合，需要在工具属性栏内不断调整画笔大小、画笔硬度（如图红圈 4 所示）、不透明度和流量（如图红圈 5 所示），进行涂抹，让各个图层内的元素天衣无缝地组合在一起。

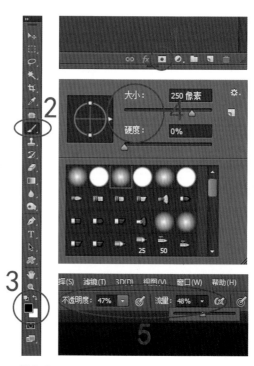

图 3-2

思 考

1.如何理解"图层"概念？

2.如何理解"蒙版"概念？

练 习

在Photoshop中打开一张照片，找到图层控制面板，根据第一节所学知识，在图层面板中找到以下各功能所在位置：混合模式、图层名称、隐藏显现、图层链接、图层样式、图层蒙版、创建新的填充和调整图层、图层组、新建图层和复制图层、删除图层、图层不透明度、图层分类管理等。

第二章　风光摄影

在传统胶片摄影时代，拍摄风光照片，前期需要借助许多滤镜，在后期暗房制作时需要辅助加光、减光处理。如果想要叠加合成，移花接木，那更是难上加难。因此，风光摄影是"靠天吃饭"的艺术，如果天气不给力，那就只能等，等好天气，等好光线。要等多久呢？短则几天、几月，长则几年，所以有这样一句话："好照片是等出来的。"

数码摄影时代的风光摄影，就不需要苦苦等待了，利用 Photoshop 工具，完全可以实现叠加合成，移花接木，而且可以做到天衣无缝。那么，是不是所有的风光摄影作品都允许添加、删减或合成呢？这要看作者的创作意图，如果是反映真实的自然景物，并要留存作为史料，那只要给照片去去灰就可以了，不必做大的调整，以免破坏画面的真实性；如果想突出艺术性，创作赏心悦目的作品，就应该放开手脚，天马行空地大胆尝试！

从艺术表达这一角度出发，我们可以在平时多拍些素材，说不定后期制作时会有用武之地。

第一节　改天换地

在传统摄影时代，风光摄影的最大特点是"靠天吃饭"，如果天气不给力，就很无奈了。到了数码摄影时代，后期制作的功能非常强大，即使天空不蓝、云霞不绚丽也无妨，我们只需动动鼠标就可以不留痕迹，为画面换一个美丽的天空，制作出令人羡慕的风光摄影作品。

修改理由

1. 原图天空"死白"（见图 3-3 原图），显得单调，所以第一步"换天空"。

2. 原图发灰，所以第二步"去灰调色"。

图 3-3《神奇的大地》 刘江　摄影

佳能 5D MarkII 感光度 ISO100 光圈 F11 曝光时间 1/160s 0Ev

关键工具

蒙版 + 线性渐变。

制作过程

第一步 : 换天空。

1. 将素材图拖入原图。

将原图和素材图同时在 Photoshop 中打开，利用移动工具 (如图 3-4 红圈 1 所示)，把素材图拖入原图，这样在图层控制面板中将会自动建立一个新的图层 "图层 1" (如图 3-4 红圈 2 所示)。

2.调整素材图大小。

为便于让素材图与原图重合叠加，把图层1的不透明度降低为70%（如图3-5红圈所示），这样就可以透过图层1看见原图，然后按【Ctrl】+【T】执行自由变换，按住【Shift】键以对角线的方向拉动素材图，使之与原图天空大小匹配，然后双击确定。

图3-4

3.给图层1添加蒙版。

在图层控制面板中，选择图层1，点击下方"添加图层面板"控制按钮（如图3-6红圈1所示），为图层1添加蒙版，添加蒙版后的图层1效果如图3-6所示。然后点击工具箱中的默认前景色和背景色工具（如图3-6红圈2左边的图标），将前景色变为白色，将背景色变为黑色，再点击切换前景色和背景色工具（如图3-6红圈2），把前景色变为黑色，背景色变为白色。

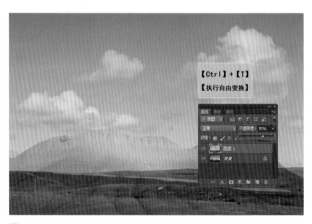

图3-5

4.选择渐变工具并

图3-6

设置。

在工具箱中选择"渐变工具"（图3-7），在工具属性栏中选择"线性渐变"（如图红圈1所标注的），然后点击如图红圈2所示区域，在弹出的渐变编辑器中，点击如图红圈3所示区域，选择"前景色到背景色渐变"。

图 3-7

5.给图层1执行线性渐变。

点击图层1的蒙版，使用鼠标按住两个图下方的重叠位置，并向上拖动鼠标拉渐变，边拉边观察，会发现蒙版的下方变为黑色，并且向上逐渐过渡为白色，如图3-8红圈所示。

图 3-8

6.逐步多次拉动渐变。

细心地多次地逐步向上拉动鼠标渐变，让两个图逐渐结合得完美，直到效果令人满意为止，然后将图层1不透明度恢复到100%。此时，天空已经成功更换，如图3-9所示。

第二步：去灰调色。

7.再现明暗细节。

图 3-9

按图层复制快捷键【Ctrl】+【J】，复制图层1，如图3-10红圈所示。选择图层1，执行"图像"→"调整"→"阴影/高光"命令，在弹出的"阴影/高光"控制面板中，将调整阴影的三角形滑块向右滑行，预览暗部变化，再将调整高光的三角形滑块向右滑行，预览亮部变化，整体感觉满意后点击"确定"，进行下一步操作。

图3-10

8.利用色阶去灰。

点击图层控制面板下方的"创建新的填充和调整图层"按钮，如图3-11红圈所示，选择"色阶"，图层就多了一个"色阶1"调整层，在弹出的色阶面板中，将黑色滑块往右移到直方图黑色刚开始的地方，同时将白色滑块也往左移到直方图黑色开始的地方，点击"确定"，进行下一步操作。

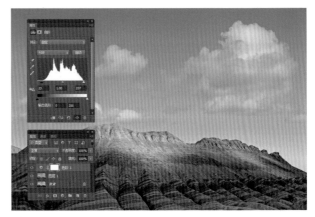

图3-11

9.利用"曲线"进一步去灰。

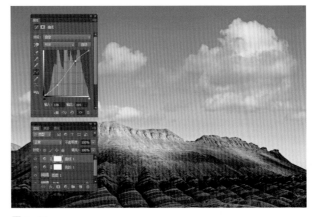

图3-12

点击图层控制面板下方的"创建新的填充和调整图层"按钮，选择曲线，图层就多了一个"曲线 1"调整层，在曲线控制面板中，将控制影调的对角直线调整为"S"形，如图 3-12 所示。然后进行预览，感觉效果满意后点击"确定"，进行下一步操作。

图 3-13

10. 利用可选颜色调色。

点击图层控制面板下方的"创建新的填充和调整图层"按钮，选择可选颜色，图层就多了一个"可选颜色 1"调整层，在弹出的控制面板中，首先选择"红色"，然后逐渐减少青色的含量，观察图片红色的变化，随着青色的逐渐减少，红色会逐渐变得饱和、纯正，红色调整满意后再选择蓝色，然后逐渐降低黄色的含量，观察图片蓝色的变化，随着黄色的逐渐减少，蓝色会逐渐变得饱和、纯正，如图 3-13 所示。调整满意后点击"确定"（调色原理可参考第二篇第二章第三节内容）。

第二节　制作区域光

区域光是指被摄景物中的某一区域或局部被光线照亮，犹如舞台上使用追光灯产生的照明效果。区域光是可遇而不可求的，但我们可以通过后期制作来模拟区域光效果，以提升作品的艺术氛围。

修改理由

原图地面羊群被掩盖在阴影当中，形象不突出，整体画面显得平淡（见图 3-14 原图）。

关键工具

曲线调整图层。

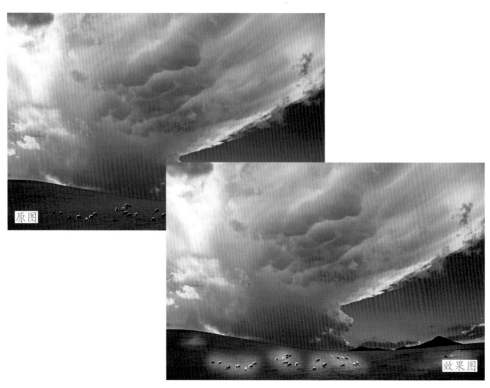

图 3-14 《美丽的草原》 刘江 摄影
佳能 5D MarkII 感光度 ISO100 光圈 F14 曝光时间 1/80s −0.7Ev

制作过程

1. 套选所需区域。

打开原图, 在工具箱中选择"套索工具", 然后在属性栏中选择"添加到选区", 如图 3-15 红圈所示。用套索工具在画面中画出想要"照亮"的区域, 如图虚线所示。

2. 提亮所选区域。

图 3-15

点击图层面板下方的"创建新的填充和调整图层"按钮，如图 3-16 红圈所示，在弹出的菜单内选择"曲线"，然后在曲线面板中向上拉动曲线，这时画面被选的区域就被提亮了，如图 3-16 所示。

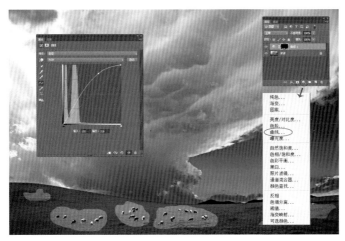

图 3-16

3. 使提亮区域边缘过渡自然。

在"曲线"面板中，点击图 3-17 红圈 1 所标注的"蒙版"按钮，进入"蒙版"选项栏中，然后将羽化设为 50 像素，使被提亮的区域边缘过渡更为自然。

图 3-17

4. 重复上述三步再次调整。

为了让区域光明暗过渡更为真实自然，再重复上述三步进行调整。用套索工具，选择小范围需要加强的区域，然后建立曲线调整图层，向上拉动曲线提亮所选区域，如图 3-18 所示。

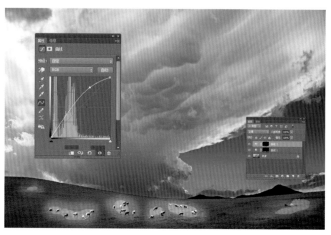

图 3-18

5. 再次让提亮区域的边缘过渡自然。

在"曲线"面板中，进入"蒙版"选项栏中，将羽化设为 40 像素，这时被提亮区域的边缘就过渡得更为自然了，如图 3-19 所示。

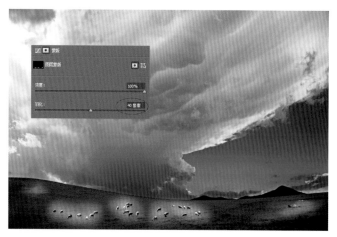

图 3-19

6. 微调亮度和对比度。

点击图层面板下方的"创建新的填充和调整图层"按钮，在弹出的菜单中选择"亮度 / 对比度"，适当增加对比度即可。这时，被提亮的区域会显得更自然，不留痕迹，如图 3-20 所示。

图 3-20

思　考

1. 置换天空的关键工具是什么？

2. 什么是"区域光"？制作时为了让提亮区域边缘过渡自然，使用的关键工具是什么？

练　习

选择合适的照片素材，练习"改天换地"和"区域光"的制作方法，写出制作心得。

第三章　花卉摄影

花卉是摄影爱好者经常拍摄的重要题材，但若使用高档照相机和镜头只是把花朵拍清楚，已经没有多大意义。那么如何拍摄，才能出新意呢？

拍摄花卉的方法有多种，比如利用多重曝光技术拍摄、透过涂有凡士林的玻璃拍摄、透过喷有水珠的塑料薄膜拍摄等，这些技巧固然能获得一些效果，但因道具携带不便或受场地限制，有时效果并不好。

如果掌握了后期制作方法，那就好办了。拍摄时只需认真构图，把花朵拍摄清楚，回家后运用后期制作技术，将画面处理成各种效果，就可以创作出与众不同的花卉作品。

第一节　动静对比

"动静对比"是摄影创作的重要技巧，是增强画面艺术感染力和视觉冲击力的有效手段。在摄影画面中，"动"表现为模糊的拖影，"静"表现为清晰的实影，"动静对比"既可以通过前期拍摄获得，也可以通过后期制作完成。

修改理由

原图摄影语言单调，缺少艺术感染力（见图 3-21 原图）。

关键工具

"动感模糊"滤镜＋蒙版。

制作过程

1. 复制图层。

打开图片，按快捷键【Ctrl】+【J】，在图层控制面板中，复制图层 1，如图 3-22 所示。

2. 给图层 1 执行"动感模糊"。

选择图层 1，执行"滤镜"→"模糊"→"动感模糊"命令，在弹出的面板中，

图 3-21 《自是花中第一流》 徐新荣 摄影
佳能 5D MarkII 感光度 ISO400 光圈 F11 曝光时间 1/250s 0Ev

设置角度为 -45 度，距离为 300 像素，此时画面就会产生强烈的动感效果，如图 3-23 所示。

3. 给图层 1 添加蒙版。

点击图层控制面板下方的"添加控制面板"按钮，添加蒙版后的图层 1 效果如图 3-24 所示（图中图层 1 红圈所标注的），然后在工具栏中选择画笔工具（如图中 2 位置黄圈所标注的），在工具栏中点击默认前景色和背景色工具（如图中 3 位置黄

图 3-22

图 3-23

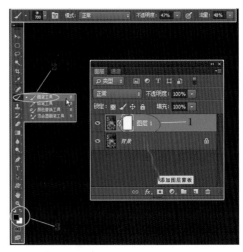

图 3-24

圈所标注的），前景色将变为白色，背景色将变为黑色，再点击图中 3 位置黄圈右边的切换前景色和背景色图标，把前景色变为黑色，背景色变为白色。

4. 利用画笔巧妙涂抹。

在工具属性栏内或通过按键盘上的括号键来控制画笔大小，结合调整画笔不透明度和流量（在工具属性栏内），然后在荷花上逐步涂抹，荷花就逐渐清晰起来，涂抹次数越多，荷花就越清晰。另外，有选择性地对黄花进行轻微涂抹，直到整个画面达到理想的"动静"关系为止，如图 3-25 所示。

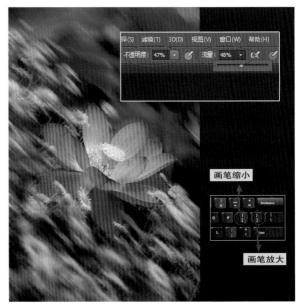

图 3-25

第二节 多重曝光效果

"多重曝光"是摄影独树一帜的创作手法。多重曝光技术的原理是在一幅画面上进行多次拍摄，让几次拍摄的影像叠加，产生一种魔术般无中生有的效果，这就是它独具魅力之处。

多重曝光技术本身并不难掌握，难就难在叠加后的效果是否具有艺术性。利用前期拍摄获得一张优秀的多重曝光照片有一定的难度，而利用 Photoshop 进行后期制作，就可以轻松模拟出多重曝光的效果。

图 3-26 《花香袭人》 杨伍喜 摄影
尼康 D800 感光度 ISO200 光圈 F3 曝光时间 1/400s 0Ev

关键工具

"高斯模糊"滤镜 + 蒙版。

制作过程

1. 复制图层。

打开原图，按快捷键【Ctrl】+【J】，在图层控制面板中，复制图层 1，如图 3-27 所示。

图 3-27

2. 给图层 1 执行"动感模糊"命令。

选择图层 1，执行"滤镜"→"模糊"→"高斯模糊"命令，在弹出的面板中，将半径设置为 40 像素，画面出现模糊，如图 3-28 所示。注意，半径值越大，模糊的效果越明显。

图 3-28

3. 将图层 1 不透明度降低。

在图层控制面板中，将图层 1 的不透明度降为 70%（如图 3-29 红圈所示）。然后按【Ctrl】+【T】执行自由变化，按【Shift】键以对角线的方向向外拉图，让图层 1 中的景物变大些，以模拟第二次曝光使用长焦镜头的效果，如图 3-29 所示。

4. 给图层 1 添加蒙版。

点击图层控制面板下方的"添加控制面板"按钮，添加蒙版后的图层 1 效果如图 3-30 所示（图中图层 1 红圈所示），然后在工具栏中选择画笔工具（如图中 2 位置黄圈所示），在工具栏中点击默认前景色背景色工具（如图 3 位置黄圈所示），将前景色变为白色，将背景色变为黑色，再点击图中 3 位置黄圈右边的切换前景色和背景色图标，把前景色变为黑色，背景色变为白色。

5. 利用画笔巧妙涂抹。

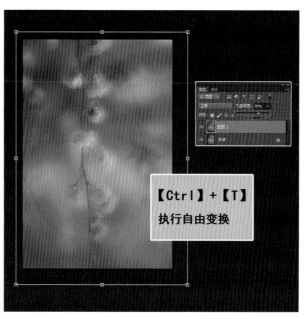

图 3-29

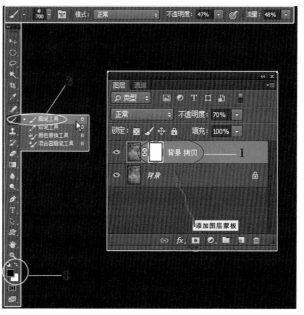

图 3-30

在工具属性栏内或通过按键盘上的括号键来控制画笔大小，结合调整画笔不透明度和流量（在工具属性栏内），然后在黄花上逐步涂抹，花就逐渐清晰起来，涂抹次数越多，花就越清晰。有选择性地对黄花进行轻微涂抹，直到整个画面达到理想的"动静"关系为止，如图 3-31 所示。

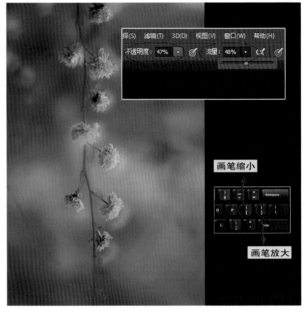

图 3-31

思 考

1.制作动静对比效果的关键工具是什么?

2.使用蒙版时,画面大小的快捷调整方式是什么?

练 习

请将一张普通的花卉照片,通过Photoshop制作成动静对比、多重曝光的画面效果。

第四章　静物摄影

　　静物摄影题材广泛，按照拍摄意图，静物摄影可以分为生活静物、艺术静物和广告静物等几类。

　　生活静物摄影，多以作品来反映人们的生活状态、时代背景、社会发展、思想信仰等。这类静物作品在制作时，不允许采用后期添加、合成、删减等改变作品真实性的调整，只能是去灰，或者将整体色调由彩色转为黑白。而对于以追求艺术性为目的的艺术静物和广告静物摄影，我们可以随心所欲、天马行空地制作各种视觉效果，以满足摄影师的主观感受和审美要求。

第一节　制作仿硒色效果

　　仿硒色照片，暗部表现为深棕色，而亮部正好相反，这种"影调分离"所产生的惊人表现力是传统摄影家梦寐以求的艺术追求。而在 Photoshop 中，利用"双色调"命令，不但可以模拟出这种效果，还可以精确地控制影调"分离"的部位。

图 3-32 《角落》 刘江　摄影
尼康 F75 感光度 ISO100 光圈 F11 曝光时间 1/30s −0.5Ev

修改理由

好照片可以抒情，可以怀旧。借助后期制作技术，将普通农户家的简陋陈设，用"仿硒色"效果加以表现，以强调一种怀旧情绪，令人想到曾经的平凡生活。

关键工具

"双色调"工具。使用"双色调"工具，要先将图片改为灰度模式（执行"图像"→"模式"→"灰度"命令），然后在菜单中执行"图像"→"模式"→"双色调"命令，在"类型 I"下拉菜单中选择"双色调"。

制作过程

1. 将图片改为"灰度"模式。

打开原图，执行"图像"→"模式"→"灰度"命令，在弹出的"信息"对话框中，点击"扔掉"，如图 3-33 所示。

图 3-33

2. 选择"双色调"工具。

执行"图像"→"模式"→"双色调"命令，在弹出的"双色调选项"面板的"类型（I）"下拉菜单中选择"双色调"，如图 3-34所示。

图 3-34

3. 在"油墨 2（2）"的选色框选择颜色。

"油墨 1（1）"默认为黑色，要选择第二种颜色，单击"油墨 2（2）"的选色框（如图 3-35 中用红圈框住的地方），会出现一个自定义颜色对话框，选择合适的颜色。对于仿硒色，建议使用"TRUMATCH 8-e"。

图 3-35

4. 调整"双色调曲线"。

选择油墨 2，单击选色框左边的方块（如图 3-36 中用红圈框住的地方），出现了一个双色调曲线对话框，将曲线左下方往下拉，让它只覆盖暗部区域，这样就出现了有趣的影调效果。

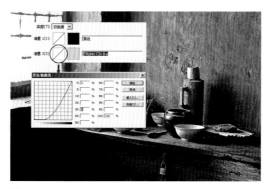

图 3-36

操作提示

要选择那种明暗反差明显，其亮部和暗部控制都到位的图片，这种图片在后期制作时容易进行"影调分离"，适合制作仿硒色效果。

第二节 制作氰版感光效果

蓝调，是氰版感光的典型特征，其原理是柠檬酸铁盐和其他有机化合物在紫外线照射的作用下转化成亚铁盐。亚铁盐和铁氰化钾共同构成了这种独特的氰版蓝，所以氰版感光也称作蓝调感光。

利用传统的方式获得氰版感光的效果既耗时又不安全，而且很难确保成功，利用后期制作的方式来模拟就很容易了。

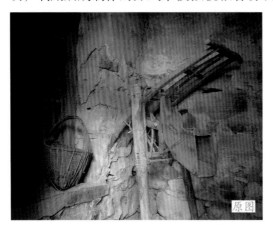

原图

修改理由

丢弃的不只是老房子角落里的农具，连带农耕文明一块儿被丢失，此情此景，内心无比感慨，制作"氰版感光效果"，以表达这种惆怅的情绪（图3-37）。

关键工具

色彩平衡+色饱和度。

制作过程

1.制作笔刷效果背景。

在一张白纸上，涂抹一个笔刷效果，然后扫描或翻拍，在Photoshop中制作成一个蓝色调子，如图3-38所示。

2.将原图转为黑白。

打开原图，执行"图像"→"调整"→"去色"命令，将原图转为黑白，如图3-39所示。

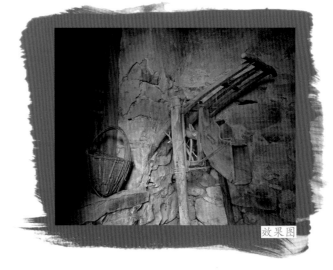

效果图

图3-37 《被遗忘的农具》 马德富 拍摄
佳能5D MarkII 感光度ISO100 光圈F14 曝光时间 2.5s −0.7Ev

图 3-38

图 3-39

3. 将图像拖到笔刷背景中。

利用"移动工具"，把图像拖到笔刷背景中，成为图层 1，如图 3-40 所示。

4. 调整图片大小。

执行【Ctrl】+【T】命令，按【Shift】键以对角线方向调整图片大小（确保图片不变形），让图片和笔刷背景合理叠加，如图 3-41 所示。

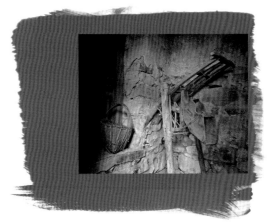

图 3-40

5. 调整图片色调。

点击图层控制面板下方的"创建新的填充或调整图层"按钮，选择"色彩平衡"，勾选"中间调"，将青色设为 -65，蓝色设为 +95，如图 3-42 所示。

6. 调整色彩浓度。

点击图层控制面板下方的"创建新的填充或调整图层"按

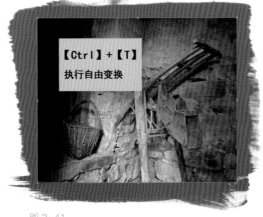

图 3-41

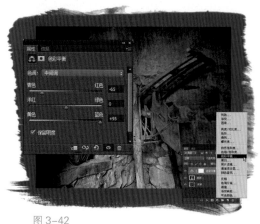
图 3-42

图 3-43

钮，选择"色相 / 饱和度"，将饱和度降低为 -50，最后保存，如图 3-43 所示。

操作提示

1. 建议使用"4×5 英寸"或"8×10 英寸"的图片规格，使影像更具传统味道。

2. 如果需要输出，建议使用重磅美术纸，比如 Perma Jet 经典美术纸。

思 考

1. 仿硒色照片的特点是什么？制作时使用的是哪种关键工具？

2. 氰版感光效果是如何形成的？制作时使用的是哪种关键工具？

练 习

选择合适的静物照片，练习制作"仿硒色效果"和"氰版感光效果"，并写出制作心得。

第五章　动物摄影

对动物题材的摄影作品进行后期制作，大多是微调，如去灰、调色、裁剪、重新构图等，因为动物摄影的后期制作大多是为了弥补前期拍摄中难以解决的不足之处。

动物摄影最大的特点是专业性和挑战性。其专业性表现在器材的选择和运用上，拍摄动物往往使用超长焦摄影镜头，需要选择合适的位置用三脚架稳定相机，运用熟练的技术在有限的角度内观察并抓取动物形象。由于某些动物还具有攻击性和无规律行动的特点，其攻击性和行动的不确定性，给拍摄带来极大的困难。

近年来，人们保护动物的意识日渐强烈，既要拍摄动物，又要保护动物，这已成为摄影人的共识。在很多情况下，既能兼顾画面完美，又能捕捉一个精彩瞬间，真是太难了。因此，通过后期制作，弥补现场抓拍的缺憾，不失为一个两全其美的好办法。

第一节　让主体更醒目

如果笼统地对一幅图片进行整体调整，那么照片的细节和色彩很难达到最佳的效果，所以就需要对各个部分进行单独调整。

修改理由

1. 景别太大，细节不突出。

2. 灰雾较大，画面不通透。

3. 灰白背景与鸟的灰白色难以区分，主体形象不鲜明。

关键工具

磁性套索工具。

原图

制作过程

1. 裁剪画面。

打开原图，在工具箱中选择裁剪工具（如图3-45中红圈所示），为了让画面饱满，所以将原图裁剪为正方形画幅。按【Shift】键以对角线方向拉，就可以直接裁剪出正方形画面，如图3-45所示。

效果图

图3-44 《爱》 赵新平 摄影
尼康 D4S 感光度 ISO 1000 光圈 F8
曝光时间 1/2000s 0Ev

图3-45

2. 使用"磁性套索工具"将鸟选出来。

利用缩放工具把图片放大，然后在工具箱中选择"磁性套索工具"（如图 3–46 中的红圈所示），在工具属性栏中点击"添加到选区"按钮（如图中黄圈所示），沿着鸟的边缘一点点细心地将鸟选起来。注

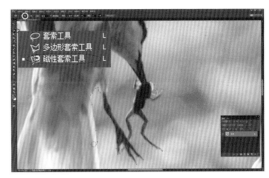

图 3–46

意：图片放大后若想移动，只要按着空格键拖动鼠标即可，松开空格键会自动回到原来的"磁性套索工具"中。

3. 对选区羽化。

将三只鸟全部选中后，按【Shift】+【F6】，将羽化半径设置为 1.5 像素，然后点击"确定"，进行下一步操作。选区做得越精细，羽化值应设置得越小越好，如图 3–47 所示。

4. 对鸟进行色调调整。

执行"图像"→"调整"→"色彩平衡"命令，在"色彩平衡"控制面板中，勾选"中间调"，然后加青色为 –16，加蓝色为 +8，使鸟的羽毛变得干净洁白，如图 3–48 所示。

图 3–47

5. 对背景进行色调调整。

执行"选择"→"反向"命令，然后执行"图像"→"调整"→"色彩平衡"命令，在"色彩平衡"控制面板中，勾选"中间调"，加绿色为 +20，让背景呈现绿色，一方面和鸟的颜色区分开

图 3–48

来，另一方面绿色寓意生机和活力，如图 3-49 所示。

图 3-49

6. 利用曲线调整反差。

执行"图像"→"调整"→"曲线"命令，在"曲线"控制面板中，将控制影调的对角直线调整为"S"形，以增加反差，边调整边浏览，效果满意后点击"确定"，如图 3-50 所示。

如果色彩太浓或太浅，可以进行第 7 步操作，执行"图像"→"调整"→"色相/饱和度"命令，调整饱和度大小，以改变色彩的浓淡效果。

图 3-50

第二节 让细节更突出

拍摄动物时因受现场条件、照相机镜头视角范围等因素的限制，取景时往往会将与主题无关的景物摄入画面，这就需要进行后期剪裁，裁去画面中多余的部分，使主题更突出。再给照片去灰，画面就很理想了。

图 3–51 《爱》 王翠兰 摄影

佳能 5D MarkII 感光度 ISO100 光圈 F8 曝光时间 1/250s −1.3Ev

修改理由

1. 景别太大，主体细节不突出。

2. 照片发灰、发软（见图 3–51 原图）。

制作过程

1. 裁剪。

打开原图，在工具箱中选择裁剪工具（如图 3–52 中红圈所示），将图片进行裁剪。

图 3-52

图 3-53

图 3-54

图 3-55

2.利用"阴影／高光"挖掘明暗细节。

打开原图，执行"图像"→"调整"→"阴影／高光"命令，在弹出的"阴影／高光"控制面板中，将调整阴影的三角形滑块向右滑行，预览暗部变化，再将调整高光的三角形滑块向右滑行，预览亮部变化，整体感觉满意后点击"确定"，进行下一步操作，如图 3–53 所示。

3.利用"色阶"调整画面反差。

打开图片，执行"图像"→"调整"→"色阶"命令，在弹出的"色阶"控制面板中，将黑色滑块往右移到直方图黑色刚开始的地方，同时将白色滑块也往左移到直方图黑色开始的地方，点击"确定"，进行下一步操作，如图 3–54 所示。

4.利用"色相／饱和度"调整画面色彩。

执行"图像"→"调整"→"色相／饱和度"命令，弹出一个"色相／饱和度"控制面板，将控制饱和度的三角形滑块向右滑行，画面就会变得鲜艳、饱和。感到色彩满意后点击"确定"，如图 3–55 所示。

5.锐化。

利用"高反差保留"锐化方法进行锐化，让毛发更清晰（关于"高反差保留锐化"方法，请参照第二篇第四章第二节内容）。

思　考

1.为了快速精准抠图，通常会选用哪种工具？

2.如何设置羽化的大小？

练　习

在Photoshop中练习使用"磁性套索工具"，将一个被摄体（如人物、动物等）选出，以掌握"磁性套索工具"的用法。

第六章　人像摄影

人像摄影，是把人物作为主要拍摄对象的一个摄影门类，是摄影人最爱拍摄的题材之一。如果拍摄的是社会纪实人像，因为追求影像的真实性，所以后期只能作轻微的调整，比如除去因相机吸附灰尘所产生的污点，或作适当的裁剪、调整色彩和除去灰雾等。如果是拍摄艺术人像，则可利用后期强大的功能，制作各种效果。

许多摄影人喜欢拍摄模特，如果模特动作自然，姿态优美，衣着装扮到位，拍摄时用光构图完美，后期就省事了，只需美化皮肤，调整反差和色调，就能达到动人的效果。但不是每次拍摄都能这么顺利，若前期拍摄留有缺憾，只能通过后期去弥补了。本章列举两例进行讲解，一是皮肤美白，二是更换背景，供学员参考。

虽然后期制作的功能很强大，但切不可过度依赖后期制作，否则调整痕迹太明显，画面太虚假，会令人生厌。

第一节　皮肤美白

人像是我们经常拍摄的题材，如果光线不佳，皮肤总是显得又灰又暗，看上去不够通透，难以拿得出手。如果掌握后期皮肤美白技术，就可以用Photoshop让人物皮肤变得白润洁净。

修改理由

原图中人像表情自然生动，但是皮肤偏黑，所以决定进行皮肤美白（图3-56）。

关键工具

通道。

制作过程

1. 复制图层。

图 3-56 《新娘》 邱益民 摄影
佳能 EOS6D 感光度 ISO320 光圈 F2.8 曝光时间 1/160s +0.3Ev

按【Ctrl】+【J】，复制图层 1，如图 3-57 红圈所示。

2. 进入通道面板做选区。

在"图层"面板上，点击"通道"按钮（如图 3-58 中红圈 1 所示），进入"通道"面板，然后点击下方"将通道作为选区载入"按钮（如图中红圈 2 所示），此时，画面将会出现一个选区。

3. 回到图层面板填充选区。

在"通道"面板上，点击"图层"按钮（如图 3-59 红圈 1 所示），回到"图层"面板，然后将工具箱中的前景色设置为黑色，背景色设置为白色（如

图 3-57

图 3-58

图 3-59

图中红圈 2 所示），按【Ctrl】+【Delete】填充背景色到选区，此时人物皮肤变白，如图 3-59 所示，按【Ctrl】+【D】取消选区。

4. 降低图层 1"不透明度"。

选择图层 1，将图层 1 不透明度降低为 70%，让皮肤美白更加自然，让皮肤更有质感，如图 3-60 所示。

图 3-60

图 3-61

5. 添加蒙版。

点击"图层"面板下方的"添加图层蒙版"按钮，给图层 1 添加蒙版（如图 3-61 红圈 1 所示）；然后在工具箱里选择"画笔工具"，同时将前景色设置为黑色，背景色设置为白色（如图中红圈 2 所示）。

图 3-62

6. 进一步修饰画面。

使用画笔工具，按键盘中的括号键改变画笔大小（如图 3-62 中键盘所示），然后调整画笔的"不透明度"和"流量"（如图中红圈所示），对背景进行擦抹，一边控制不透明度和流量，一边擦抹，使人物边缘和背景自然融合，直到满意为止。

第二节 合成艺术人像

我们看到很多艺术人像作品，模特置身于一个独特或神奇的环境中，画面被赋予极强的艺术感染力。其实这些作品大多是采用多张不同时空的素材通过 Photoshop 后期合成的。我们掌握了后期合成的技术，也可以随心所欲地制作我们想要的效果。

图 3-63 《徽州有梦》 庞玉锁 摄影
佳能 EOS6D 感光度 ISO320 光圈 F2.8 曝光时间 1/160s +0.3Ev

修改理由

原图(见图 3-63 原图)中的模特身着"青花"旗袍，姿态优雅，只是背景不甚理想，因此在后期换个古镇街巷背景(见图 3-63 素材)，让画面更具古典色彩(见图 3-63 效果图)。

制作过程

1. 皮肤美白。

参考"皮肤美白"制作技术，对原图模特皮肤进行美白处理。美白前后比对如图 3-64 所示。

2. 抠图。

在工具箱中选择"缩放工具"，将原图放大一定比例，然后选择"磁性套索工具"，沿着模特边缘将模特抠出来，如图 3-65 所示。

注意：图像放大后，在使用"磁性套索工具"抠图时，按空格键可以切换为"抓手工具"来移动图像，松开手将恢复为原来的"磁性套索工具"。

3. 将模特拖入素材图中。

按【Shift】+【F6】对选区进行羽化，"羽化半径(R)"为 2(如图 3-66 所示)，然后点击"确定"。打开素材图，在工具箱中使用"移动工具"将抠出来的模特拖动到素材图中(如图中红圈所示)。

图 3-64

图 3-65

图 3-66

4. 调整模特大小。

按【Ctrl】+【T】执行"自由变换"命令，为确保模特不变形，一定要按着【Shift】键以对角线方向拉模特，调整好模特大小和位置如图 3-67 所示。

5. 调整模特方向。

单击鼠标，在弹出的菜单中选择"水平翻转"命令，改变模特方向，然后双击鼠标确定，利用"移动工具"微调模特位置，如图 3-68 所示。

图 3-67

图 3-68

6. 调整素材图色调。

在图层控制面板中，选择背景图层（如图 3-69 中红圈 1 所示），执行"图像"→"调整"→"黑白"命令，勾选"色调"（如图 3-69 中红圈 2 所示），然后调整"色相"滑块为 222（如图 3-69 中红圈 3 所示）。此时，素材图被调整为青色调。

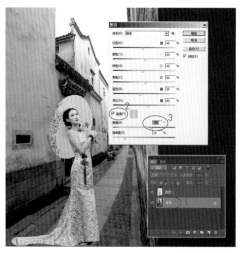

图 3-69   图 3-70

7. 调整模特色调。

在图层控制面板中，选择模特所在的图层 1（如图 3-70 中红圈 1 所示），执行"图像"→"调整"→"色相／饱和度"命令，将饱和度适当降低为 –30，让模特和背景的色调和谐统一。

8. 修补细节。

在工具箱中使用"缩放工具"放大图片，再使用"仿制图章工具"将模特裙底的杂草修掉，如图 3-71 所示。

图 3-71

思 考

1. 给皮肤美白的关键工具是什么？

2.【Ctrl】+【T】是什么命令？

练 习

选择合适的人像照片，练习"皮肤美白"和"合成人像"的制作方法，写出制作心得。

第七章 纪实摄影

提起新闻纪实类摄影，许多影友就会认为这类题材不允许"PS"。的确，新闻和纪实摄影是通过摄影媒介记录历史，为时代留存印记，为了保证影像的真实性，是不允许对原始影像进行篡改的，如添加、合成、删除等都是不允许的。那么，这是否意味着我们拍出的是什么样子，就该是什么样子呢？

我们知道，数码影像的特点是"又灰又软"，对色彩的精确还原不是很给力，但我们可以通过后期的"轻度调整"，如色彩的控制、适当的裁剪、传感器污点的修复等，对新闻和纪实摄影作品作适当的修整，这些后期处理不会改变事实，是允许的。因此，有分寸地掌握新闻和纪实类摄影的后期制作方法，对于喜欢拍摄新闻纪实类照片的摄友而言，是十分重要的。

在制作新闻和纪实摄影作品时，学员们可以参考中国摄影家协会和中国新闻摄影学会联合制定的如下规范：

为维护新闻纪实类数字照片的真实性原则，中国摄影家协会和中国新闻摄影学会于 2013 年 5 月联合制定了本规范。望新闻摄影工作者、纪实摄影师严格遵守。

一、使用图像软件处理照片，不允许对原始图像做影响照片真实属性的调整和润饰。

二、不允许对画面构成元素进行添加、移动、去除（去除图像传感器及镜头污点除外）。

三、允许剪裁画面和调整水平线，但不允许因此导致图像对客观事实的曲解。

四、允许对整体影调及局部影调进行适度调整，但不允许破坏原始影像的基调与氛围。

五、允许对整个画面的色相、明度、饱和度及色彩平衡进行适度调整，但不允许破坏原始影像的基本色调。

六、不允许使用照相机内置的效果滤镜程序功能。

七、原则上不允许多次曝光拍摄，特殊情况下使用多次曝光的，应注明"多次曝光照片"。

八、允许将彩色照片整体转化成黑白或单色，不允许作局部黑白或单色调整。

九、不允许对照片画面进行拉伸、压缩、翻转。

十、胶片照片转化为数字照片，需保留原底片以作为该影像真实性的最终证据。

十一、视频截图作品视为摄影作品，需保留原始视频以作为该影像真实性的最终证据。

十二、必须保留数字影像的原始文件，以作为该影像真实性的最终证据。

第一节 制作低饱和度照片

降低彩色照片的饱和度，是获得画面和谐的一种方法。制作低饱和度照片最简单的方法是调出"色相／饱和度"控制面板，度根据需要将饱和度直接降

图 3-72 《兴凯湖渔工》 王永利 摄影
尼康 D90 感光度 ISO200 光圈 F10 曝光时间 1/250s 0Ev

低便可。但有时利用这种方法，较难达到满意的效果，这里介绍一种方法供参考，也许能启发学员们的制作思路。

修改理由

原图影调平淡，不能渲染渔工劳作的艰辛（图3-72）。

关键工具

色相／饱和度＋色彩平衡。

制作过程

1. 在"Camera RAW 控制面板"中进行初级调整。

打开 RAW 格式图片，会自动进入"Camera RAW"控制面板，然后总体调整画面影调、反差和清晰度。调整结束后，点击右下方"打开图像"按钮，进入 Photoshop，如图3-73所示。

图 3-73

2. 裁剪。

为了突出人物的动作和表情，选用工具箱中的裁剪工具，将需要的主体进行裁剪，如图3-74所示。

图 3-74

3. 调整明暗反差。

点击"图层"控制面板下方的"创建新的填充和调整图层"按钮，建立"色阶"调整图层，在弹出的"色阶"面板中，将控制黑场和灰场的滑块向右移动，让画面细节更丰富一些，效果更凝练一些，如图 3-75 所示。

图 3-75

4.调整饱和度。

点击图层控制面板下方的"创建新的填充和调整图层"按钮，建立"色相／饱和度"调整图层，在弹出的"色相／饱和度"面板中，选择"全图"，然后将饱和度降低为 –51，此时画面色彩之间的反差降低，如图 3–76 所示（根据情况，也可选择单个颜色降低饱和度）。

图 3–76

5.调整影调结构。

点击"图层"控制面板下方的"创建新的填充和调整图层"按钮，建立"色彩平衡"调整图层，先将色调选为"高光"，给画面高光部分加入黄色成分，再

图 3–77

将色调选为"阴影"，给画面阴影部分加入蓝色成分，使画面影调既统一又有变化，如图 3-77 所示。

6. 锐化。

利用"高反差保留锐化"方法，对图片进行锐化处理，让影像更加清晰，如图 3-78 所示。

图 3-78

第二节　制作黑白纪实照片

黑白摄影，是将成千上万种色彩概括为不同等级的黑、白、灰来加以表现，很多纪实作品适合用黑白影调来表达，因其具有高度的概括性，使画面显得更纯粹、更含蓄，也更富有想象力。

在 Photoshop 中，将彩色转为黑白有很多方法，下面介绍一种制作黑白纪实照片的方法，供学员们参考。

修改理由

用黑白影调表现农家的生活场景，会显得更加淳朴（图 3-79）。

关键工具

"黑白"工具。执行"图像"→"调整"→"黑白"命令，进入"黑白"控制面板中进行调整。

图 3-79 《日子》 刘江 摄影
佳能 5D MarkII 感光度 ISO800 光圈 F5.6 曝光时间 1/50s -1.7Ev

制作过程

1. 复制图层。

打开原图，执行【Ctrl】+【J】命令，在"图层"控制面板复制图层 1，如图 3-80 所示。

2. 转为黑白。

对图层 1 执行"图像"→"调整"→"黑

图 3-80

白"命令,在弹出的"黑白"控制面板中,对各颜色进行调整。注意各颜色的数据要根据具体照片而定,效果满意后点击"确定",如图 3-81 所示。

图 3-81

3. 调整画面明暗。

点击"图层"面板下方"添加新的填充和调整图层"按钮,添加"曲线"调整图层,调整曲线,把亮度压暗,如图 3-82 所示。

图 3-82

4. 调整画面明度。

点击"图层"面板下方"添加新的填充和调整图层"按钮,添加"色相 /

图 3-83

饱和度"调整图层，把"明度"调整为 -25，让画面亮部明暗统一，如图 3-83 所示。

5. 给"色相 / 饱和度"调整图层添加蒙版。

点击图层面板下方"添加新的填充和调整图层"按钮，给"色相 / 饱和度"调整图层添加蒙版，然后选择"画笔工具"，调整"不透明度"和"流量"，将人物脸部擦抹出来，如图 3-84 所示。

图 3-84

6.再一次调整画面明暗。

点击"图层"面板下方"添加新的填充和调整图层"按钮，添加"色阶"调整图层，将白色滑块向左移动，增加画面亮度，如图 3-85 所示。

图 3-85

最后，可以运用"高反差保留"锐化影像，使画面更清晰，如图 3-79 效果图所示。

思 考

1.制作纪实照片需要注意哪些方面？

2.低饱和度照片的特点是什么？

练 习

选择合适的纪实照片，练习低饱和度照片的制作方法和黑白纪实照片的制作方法，对比前后效果，写出制作心得。

04 PART

特效篇

　　这里所说的特效，是指数码影像经后期制作所产生的特殊效果。

　　摄影这一视觉艺术从诞生之日起，许多前辈便一直在探索更有效的摄影技术、技巧，使画面别出新意、与众不同，给读者留下更深刻的印象。在传统摄影时代，要想使画面独特新颖，要么依靠大量的人力、物力进行场景布置拍摄，要么依靠高超的暗房技术通过一次次实验制作完成，不管是摆布拍摄，还是后期制作，不确定因素太多，一般创作者难以掌控。

　　到了数码摄影时代，一切都显得简单轻松了，通过PS可以制作出各种各样的画面特效，也可以让各种素材任意摆放，随意组合，创作出多姿多彩、光怪陆离，令读者感到视觉震撼的画面效果。

　　PS，轻松地把想象变成现实。只有想不到，没有做不到！

《潮涨潮落》 唐炽辉 摄影
尼康 D800 感光度 ISO1250 光圈 F14 曝光时间 1/125s −0.3Ev

第一章　特效技术

第一节　全面去除画面干扰

在自然风景区拍摄，风景很独特，但有时无法控制四处行走的观光游客，难以避开高低错落的电线杆以及随处可见的垃圾桶等，这些多余的元素都会干

图 4-1 《源头》 赵新平 摄影
尼康 D3X 感光度 ISO200 光圈 F18 曝光时间 1/200s 0Ev

扰画面，加上景区开放时间的限制，摄友很难一次拍摄到位。还好可以借助后期制作技术，这样前期拍摄只要尽力就行，剩下的就交给后期处理吧。

修改理由

1. 画面左边的水泥地面、垃圾桶以及一些游客干扰画面。

2. 雪山有点曝光过度。

3. 反差和色彩平淡，需要去灰调整（见图 4-1 原图）。

关键工具

1.【Ctrl】+【C】复制被选中的一块区域，紧接着按【Ctrl】+【V】粘贴在当前的图层上，再利用移动工具，拖动复制出来的区域遮盖画面干扰物。

2. 使用"污点修复画笔工具"，修去"污点"。

3. 使用"仿制图章工具"，修去较大的干扰物。

制作过程

1. 进入"Camera RAW"中对画面先进行初级调整。

打开 RAW 格式原图，进入"Camera RAW"面板中，进行初级调整，因为雪山曝光过度，所以将高光调整为 -100，以再现雪山细节；将阴影调整为 +43，

图 4-2

适当增加山的暗部细节，并适当增加对比度、清晰度和自然曝光度，如图 4-2 所示。

2. 修去污点和划痕。

使用"缩放工具"，先将原图放大，然后使用"修补工具"修去较大的"划痕"，用"污点修复画笔工具"修去"污点"，使画面干净整洁，如图 4-3 所示。

图 4-3

3. 修去较大干扰物。

先使用"缩放工具"将原图放大，再使用"仿制图章工具"将画面中显得杂乱的游客修去，如图 4-4 所示。

图 4-4

4. 遮盖较大干扰物。

先使用"缩放工具"将原图放大，再使用"套索工具"勾画一个能盖住水泥地大小的区域，如图 4-5 中红圈 1 所示，然后按【Ctrl】+【C】复制选区，接着按【Ctrl】+【V】粘贴，此时图层面板将生成图层 2，如图中红圈 2 所示。

5. 遮盖和边缘调整。

图 4-5

使用"移动工具"，拖动复制的地面，遮盖水泥地。然后给图层 2 添加蒙版，选用画笔工具，调整画面不透明度和流量，擦抹边缘，让边缘过渡自然，如图 4-6 所示。

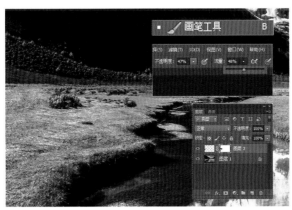

图 4-6

6. 去灰调色。

①使用"阴影 / 高光"工具，重现明暗细节。

②使用"色阶"和"曲线"工具，调整画面反差。

③使用"可选颜色"工具，让画面颜色更加纯正（见图 4-1 效果图）。

如何去灰调色，请参考本书第二篇相关内容。

第二节　接片制作

运用接片的方法，可以形成超横画幅的"全景图"，以充分展现广阔的景物空间，获得新颖、强烈的画面视觉效果。接片能否成功，关键在于前期的拍摄，只要前期拍摄到位，后期制作就容易多了。

接片的拍摄要领

1. 每张照片的曝光参数要一致，即感光度、光圈、快门和曝光补偿要一致，所以一定要选择手动曝光模式（M 挡）拍摄。

2. 每张照片的白平衡要一致，所以绝对不能用自动白平衡。

3.镜头焦距一定不能变，镜头焦距最好选用标准或中焦段拍摄，千万不要用广角镜头拍摄，因为用广角镜头拍摄的画面两边存在变形，后期制作效果会很不自然。

4.拍摄距离一定不能变，否则难以拼接。

5.拍摄高度一定不能变，否则难以拼接。

6.一定要保证每张照片之间都有重叠的部分，否则难以拼接。

7.选景时要保证每张照片的光照条件大体一致，以保证拼接后画面的左右明暗效果一致。

8.最好使用三脚架拍摄，因为大部分三脚架云台都有水平旋转刻度，在做水平旋转时可以参考刻度来进行，这样就可以提高后期合成的成功率。

关键工具

使用"Photomerge"工具，执行"文件"→"自动"→"Photomerge"命令，在此控制面板中就可以完成接片制作。

制作过程

1.打开素材照片。

在 Photoshop 中打开三张素材照片，如图 4-7 所示。

图 4-7

2. 设置"Photomerge"控制面板。

执行"文件"→"自动"→"Photomerge"命令，就弹出"Photomerge"控制面板，如图 4-8 所示。将"版面"内容设置为自动，单击"添加打开的文件"按钮，三张素材就会自动进入"源文件"框内，并在下方勾选"混合图像""晕影去除"和"几何扭曲矫正"。

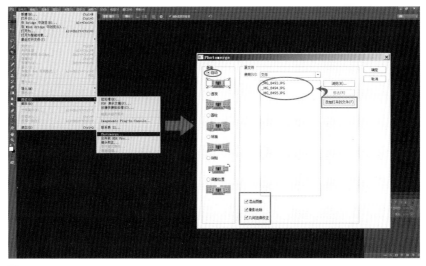

图 4-8

图 4-9

3. 自动接片。

设置完毕，点击"确定"，Photoshop 软件经过一段时间的计算后，会自动拼接出一张全景照，如图 4-9 所示。

4. 裁剪。

在工具箱中选出裁剪工具，实行"自由裁剪"，如图 4-10 所示。

图 4-10

5. 合并图层。

按【Shift】+【Ctrl】+【E】，合并图层，如图 4-11 所示。

6. 去灰调色。

图 4-11

图 4-12 《阿尔山天池》 刘江 摄影
佳能 5D MarkI 感光度 ISO200 光圈 F10 曝光时间 1/80s 0Ev

分别使用"阴影 / 高光""色阶""曲线"和"色相 / 饱和度"工具，给照片去灰，使画面更通透，如图 4-12 所示。

第三节 星轨制作

星轨，是摄影人喜欢拍摄的一个题材。传统拍摄方法是单次长时间曝光，由于夜晚光线很暗，通过半个小时甚至更长时间的曝光，就能记录下星星在天空移动的轨迹。对于数码相机来说，曝光达到一定时间热噪就很明显，再加上耗电量大，拍出的星轨稀疏等，采用这种传统方法拍摄星轨，效果显然不太理想。

运用叠加拍摄法表现星轨，就可以避免热噪，制作视觉壮观的星轨照片。拍摄原理是：选择较高感光度（ISO800 甚至 ISO1600）、较大的光圈（F8 或 F5.6）、较短的曝光时间（3 分钟或 5 分钟），连续拍摄几十张甚至几百张星空的照片，再用后期方法将这几十、上百张照片叠加在一起，达到连续曝光几个小时的效果。

图4-13《黑龙庙的星空》 周晓宁 摄影

佳能 5D MarkII 感光度 ISO2000 光圈 F5.6 曝光时间 120s 0Ev

制作过程

1. 执行"堆栈"命令。

打开 Photoshop 软件,执行"文件"→"脚本"→"将文件载入堆栈"命令,就弹出一个"载入图层"的控制面板,如图4-14所示。

2. 添加星空照片素材,执行叠加命令。

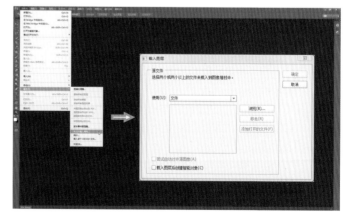

图4-14

在"载入图层"的控制面板中,点击"浏览"按钮(如图4-15红圈1所示),

找到星空照片所在的文件夹，将所有星空素材选中，点击"打开"按钮（如图中红圈2所示）。此时，文件添加到"载入图层"面板中（如图中红圈3位置），然后勾选"尝试自动对齐源图像"和"载入图层后创建智能对象"（如图中红圈4位置），最后点击"确定"，照片开始叠加。

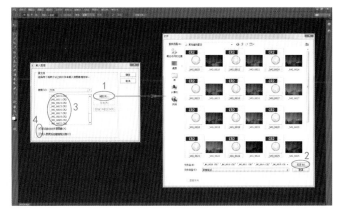

图 4-15

3.叠加需要一个过程。

点击"确定"后，照片开始叠加，需要注意的是，照片叠加需要一个过程，星空素材照片张数越多，叠加的时间会越长一些，如图 4-16 所示。

图 4-16

4.选择堆栈模式。

执行"图层"→"智能对象"→"最大值"命令，叠加的素材开始"最大值"堆栈，这也需要一定时间，如图

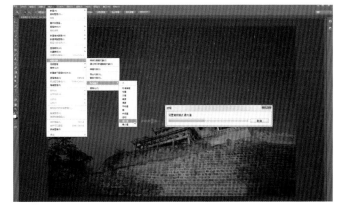

图 4-17

4-17 所示。

5. 星轨叠加完成。

"最大值"堆栈结束后，星轨就叠加完成了，如图 4-18 所示。接下来对照片进行去灰调色就可以完成操作了。

图 4-18

第四节 将彩色影像转为黑白影像

世界是五彩缤纷、色彩斑斓的，而黑白影像却以不同的黑、白、灰来概括呈现，这使黑白影像更具有象征、纯粹和思想性。黑白美学大师安德列·亨利曾说："色彩愉悦你的眼睛，黑白愉悦你的心灵。"这也许是很多摄影师喜欢黑白摄影的原因。

所有的数码相机都可以生成彩色影像，如果把数码相机设置为黑白模式拍摄，也可以直接得到黑白影像，只是一旦拍摄成黑白的，就不能回复了。实际上获得黑白影像，最好的办法是先拍摄彩色影像，然后利用 Photoshop 进行精细转化，这样能获得更迷人的黑白影像。

彩色转黑白方法一　一键转黑白

制作过程

执行"图像"→"模式"→"灰度"命令，会弹出一条提示，询问是否扔掉颜色信息，单击"确定"，彩色影像就变成了黑白影像，如图 4-20 所示。

执行"图像"→"调整"→"色相/饱和度"命令，将饱和度调整为 -100，彩色影像就变成了黑白影像，如图 4-21 所示。

执行"图像"→"调整"→"去色"命令，彩色影像就变成了黑白影像，如图 4-22 所示。

图 4-19 《祈祷》 张韶萍　摄影
佳能 7D 感光度 ISO100 光圈 F11 曝光时间 1/400s −1Ev

　　运用"一键转黑白"得到的黑白影像反差较低，显得平淡，需要利用色阶或曲线进一步调整反差。如果原图反差适中，就会得到一个较好的黑白效果。

图 4-20

执行"图像"→"调整"→"色相/饱和度"命令,将饱和度调整为-100,彩色影像就变成了黑白影像。

图 4-21

执行"图像"→"调整"→"去色"命令,彩色影像就变成了黑白影像。

图 4-22

彩色转黑白方法二 利用通道混合器转换

制作过程

用 Photoshop 打开原图(图 4-23),执行"图像"→"调整"→"通道混合器"命令,在控制面板中,有三个颜色的调整滑块,如图 4-24 所示。勾选底部的"单色"选项,图片将转化为黑白。这三个滑块控制着图片中相应颜色的明暗效果,我们可以通过细心调整,来改变图片的影调关系。

图 4-23 《大凉山的孩子》 张建华 摄影
佳能 7D 感光度 ISO320 光圈 F3.5 曝光时间 1/500s 0Ev

操作提示

  调整有个常规原则，即三个颜色的百分比之和要等于 100%。低于这个值，暗部细节有可能损失；高于这个值，亮部可能会高光溢出。用"常数"调整，是控制曝光的增减，因为其调整不够精细，所以最好不去使用。

图 4-24

彩色转黑白方法三　利用"黑白"功能转换

图 4-25 《山里的希望》 范晓莉　摄影
佳能 5D 感光度 ISO125 光圈 F4 曝光时间 1/80s 0Ev

制作过程

用 Photoshop 打开原图，执行"图像"→"调
整"→"黑白"命令，在弹出的黑白控制面板中，
有 6 个颜色的调整滑块，每一个滑块都分别控制
着图片中相应颜色的明暗效果，这样就实现了图
片中每个颜色亮度的单独调整。我们可以通过细
心调整，使画面影调层次更独特鲜明，如图 4-26
所示。

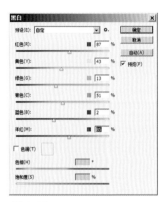

图 4-26

第五节　局部转黑白

把彩色照片局部转为黑白后，画面就会形成黑白和彩色的对比，这样做的目的，一方面能在复杂环境中有效地突出主体，或者强调某些细节，另一方面黑白和彩色对比，能使画面显得趣味和谐。

在 Photoshop 中，使用蒙版，可以简单高效地将局部彩色影像转换为黑白影像。

图 4-27　《情丝》　赵徐宏　摄影
尼康 D7000 感光度 ISO450 光圈 F11 曝光时间 1/200s −0.7Ev

修改理由

原图背景色彩信息少，显得灰（见图 4-27 原图），如果将背景转换为黑白，一方面能突出人物的表情，另一方面可以增强画面的艺术性（图 4-27 效果图）。

关键工具

黑白工具 + 蒙版工具。

制作过程

1. 复制图层。

打开原图，按【Ctrl】+【J】，在图层控制面板中，复制图层1，如图4-28红圈所示。

2. 将图层1转换为黑白。

选择图层1，执行"图像"→"调整"→"黑白"命令，对原图的各个颜色进行单独调整，边调整边观察，调整满意后点击"确定"，如图4-29所示。

3. 给图层1添加蒙版并设置。

选择图层1，点击图层控制面板下方的"添加控制面板"按钮，给图层1添加蒙版（如图4-30中红圈1所示），然后在工具箱中选择"画笔工具"，同时将工具箱中的前景色设置为黑色，背景色设置为白色（如图中红圈2所示）。

4. 对人物进行擦抹。

使用"画笔工具"，按键盘中的括号键改变画笔大小（如图4-31中键盘所示），然后调整画笔的"不透明度"和"流量"（如图4-31中红圈所示），对人物进行擦抹，将人物完全擦抹出来，人物还原为彩色，没有被擦抹的环境依旧是黑白的，这样就形成黑白和彩色的对比

图 4-28

图 4-29

图 4-30

了，如图 4-31 所示。注意：在擦抹
人物边缘时，应一边控制不透明度
和流量，一边耐心擦抹，让人物边
缘和背景自然融合，直到满意为止。

图 4-31

第六节 给照片"落款"

给一幅意境优美的画面加上"落款"，会使整个画面一下子就有了中国画的
韵味，并让读者产生无限的遐想。给照片落款的方法很多，最简单的方法是利
用 Photoshop 进行后期制作。

关键工具

文字工具，位于工具箱内。用鼠标右键单击文字工具，可以看到其中包括
横排文字工具、直排文字工具、横排文字蒙版工具和直排文字蒙版工具。给照

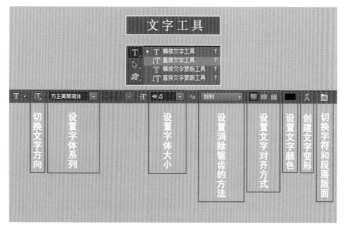

图 4-32

图 4-33 《山色有无间》 刘江 摄影
佳能 5DMarkII 感光度 ISO200 光圈 F16 曝光时间 1/60s 0Ev

片"落款"，常用工具是横排文字工具和直排文字工具。

在工具属性栏内，可以设置文字方向、字体、大小、对齐方式、颜色、变形和段落版面，如图 4-32 所示。

修改理由

给照片"落款"，使画面产生画意效果，如图 4-33 效果图所示。

制作过程

1.先制作一个小红印章。

2.选用直排文字工具打字"山色有无间"，然后设置字的字体、大小、位置、颜色等。

3.再选用直排文字工具打字"甲午年六月摄于王莽岭"，再设置字的字体、大小、位置、颜色等。

4.打开小印章文件，将小印章文件拖曳到图片中，按【Ctrl】+【T】，调整印章大小，并放置在画面的合适位置上。

操作提示

"落款"还是一门学问，应该懂得用字、用印和布局等基本书法技巧。

第七节 批处理

我们拍完照片后，通常要把图片在 Photoshop 中调整一下，但是大量照片的重复修改让我们感到很头疼。作为一款专业软件，Photoshop 提供了一个"批处理"功能，专门用来批量处理具有相同修改要求的图片，使用这一功能可以大大提高工作效率。比如将大量照片调整为相同尺寸、相同格式或相同效果等。

批处理需要完成两个关键步骤：一是先生成一个"动作"；二是批处理设置及实行。

图 4-34

例如将大量照片转换为黑白影像，并且最长边像素改为 1000。

第一步：生成一个"动作"。

制作过程

1.在 Photoshop 中打开一张照片。

2.打开"动作面板"，如图 4-34 所示。

执行"窗口"→"动作"命令，就会弹出一个"动作控制面板"，面板最底端从左至右依次是：停止播放 / 记录；开始记录；播放选定动作；创建新组；创建新动作；删除。

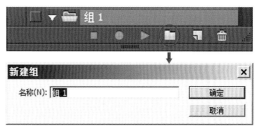

图 4-35

3. 新建动作组。

点击"创建新组"按钮，新建动作组 1，如图 4-35 所示。

4. 创建新动作。

点击"创建新动作"按钮，在弹出的"新建动作"控制面板中，点击"记录"，我们看到在动作面板的下面会出现一个红色按钮，表示已经要开始录下我们接下来操作的每一个步骤，如图 4-36 所示。

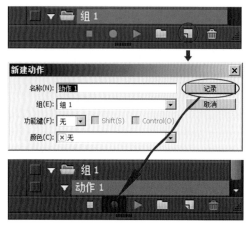

图 4-36

5. 转为黑白。

执行"图像"→"调整"→"去色"命令，点击"确定"按钮。

6. 调整文件大小。

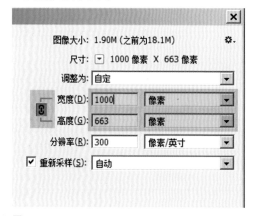

图 4-37

执行"图像"→"图像大小"命令，将宽度改为 1000 像素，然后点击"确定"按钮，如图 4-37 所示。

7.关闭当前图片文件。

8.停止录制。

点击动作面板的"停止播放 / 记录按钮"停止录制（如图 4-38 中红圈所标注），录制完毕。

图 4-38

第二步：批处理设置

执行"文件"→"自动"→"批处理"命令，就会弹出"批处理控制面板"，如图 4-39 所示。

1.使用"动作 1"功能。

在"播放"选框内，选择所需要的动作 1。

2.给出源文件和目标文件。

在"源"选框中，点击"选择"，找出需要批处理的文件夹。在"目标"选框中，点击"选择"，给出文件保存的目标文件夹。

3.确定文件名。

在"文件命名"选框中，可以给出统一的文件名，并确定文件编号的类型。

设置完成后，点击"确定"，Photoshop 会对这个文件夹中的所有图片执行这一命令。

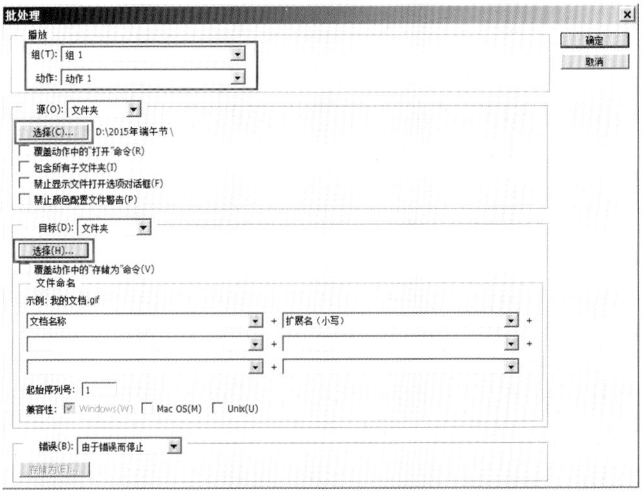

图 4-39

第八节 叠加创意

有时总感觉直接拍摄的照片很普通，如果将几张照片通过后期制作完美地叠加在一起，就会产生一种独特的画面效果，以增强个性表达和画面的艺术性。

图 4-40 《大漠胡杨》 王俊辰 摄影
林哈夫 45 感光度 ISO100 光圈 F22 曝光时间 1/4s 0Ev

制作过程

1. 素材叠加。

将原图和素材照片在 Photoshop 中同时打开，使用"移动工具"，将胡杨树

图 4-41

照片拖曳到沙漠素材中，如图 4-41 所示。

2. 素材满画幅叠加

执行【Ctrl】+【T】命令后，胡杨树照片被框起来，然后按【Shift】键以对角方向拉拽，让两张照片满画幅叠加在一起，如图 4-42 所示。

图 4-42

3. 选择叠加方式。

查看图层面板，将胡杨树所在的图层 2 的混合模式设置为"正片叠底"；双击沙漠所在的背景图层，将背景图层改为图层 0，然后将此图层的不透明度调整为 50%。至此两张照片的叠加效果基本形成，如图 4-43 所示。

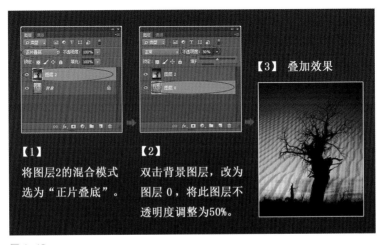

图 4-43

4. 调整黑色部分。

执行【Shift】+【Ctrl】+【E】命令，将图层合并；在工具箱中选择"魔棒工具"，单击图片中的黑色部分，画面中黑色的树干和地面被选中，然后执行【Shift】+【F6】命令，进行羽化，羽化半径为5，如图4-44所示。

图 4-44

5. 将黑色部分内的沙漠痕迹调暗。

执行"图像"→"调整"→"色阶"命令，在"色阶"控制面板中，将输入色阶下方的灰色滑块和黑色滑块向右滑动，将黑色部分内的沙漠线条痕迹压暗，如图4-45所示。

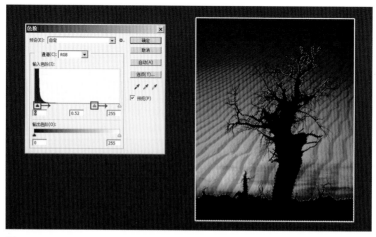

图 4-45

最后执行【Ctrl】+【D】命令，取消选区，制作完成。

思 考

1.拍摄接片的要领是什么？

2.拍摄星空的要领是什么？

练 习

1.练习拍摄接片，然后通过Photoshop进行接片制作。

2.练习拍摄星轨，然后通过Photoshop进行星轨制作。

第二章　经典特效

第一节 制作暗角

　　暗角的艺术手法在绘画中被广泛应用，同样也受到很多摄影师的青睐，欧洲时尚摄影师让·洛普·谢夫（Jean loup Sieff）曾说，如果他的照片没有暗角，会感觉有些东西从照片的边缘溜走了。给光影平淡的图片加暗角，可以改变画面单调的影调结构，获得完美的明暗反差，从而突出主体，增强画面的艺术性。

　　利用 Photoshop 给图片增加暗角有多种方法，这里介绍一种使用渐变工具制作暗角的方法。

图 4-46 　《干劲》　刘江　摄影

尼康 F75 感光度 ISO100 光圈 F11 曝光时间 1/125s 0Ev

修改理由

原片影调结构平淡，缺乏生气和艺术性。

制作过程

1. 转为黑白。

打开图片，执行"图像"→"调整"→"黑白"命令，将彩色照片转为黑白照片，如图 4-47 所示。

图 4-47

2. 新建图层。

回到图层控制面板，点击最下端的右面倒数第二个按钮，新建一个叫"图层 1"的空白图层，如图 4-48 所示。

图 4-48

3.设置渐变工具。

如图 4-49 所示进行设置：

①在工具箱中把前景色设置为"黑色"。

②在工具箱中选择"渐变工具"。

③在渐变工具属性栏中选择"径向渐变"。

④在渐变工具属性栏中点击"渐变控制条"，在弹出的渐变编辑器中继续设置。

⑤在渐变编辑器中，点击预设中的第二个渐变方式，即"前景色到透明渐变"。

⑥在渐变编辑器中，中间有渐变操作控制条，控制条的四角分别有一个控制节点，为了实现增加暗角的影像处理，将上方的两个控制节点对换位置。

⑦点击"确定"，完成渐变工具的设置。

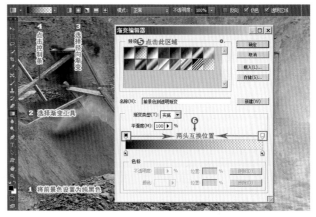

图 4-49

4.增加暗角。

按住鼠标左键，从图片中心向图片四角中的一角拖动，在适当的位置松开鼠标，暗角就制作完成，如图 4-50 所示。需要注意的是，拖动的长度决定暗角的范围。

5.调整暗角图层的透明度。

图 4-50

回到图层控制面板，通过适当调整暗角图层的透明度来减弱暗角效果，以获得更自然的视觉效果，如图 4-51 所示。

图 4-51

第二节 制作雨景效果

雨中景物时隐时现，迷迷蒙蒙，犹如仙境一般，令人陶醉。拍摄雨景，一方面要选好景物，另一方面要保护好相机，因此拍摄起来有一定难度。

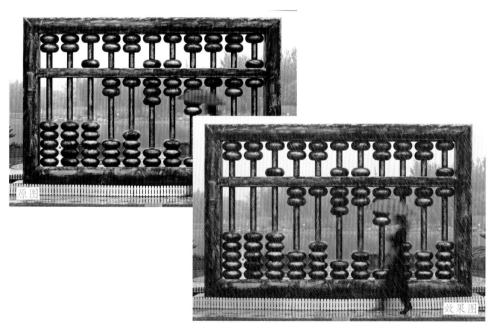

图 4-52 《雨中过客》 赵徐宏 摄影
佳能 5D MarkII 感光度 ISO200 光圈 F32 曝光时间 1/6s 0Ev

我们可以在阴天或雨后拍摄，然后利用 Photoshop 软件，通过后期制作出理想的雨景效果。

修改理由

原图是在雨停后拍摄的，缺少迷人的雨景气氛（见图 4-52 原图）。

制作过程

1. 新建一个图层 1。

打开原图，先复制背景图层，然后新建一个图层（图 4-53）。

图 4-53

2. 给图层 1 填充黑色。

执行"编辑"→"填充"命令，在填充控制面板中，设置内容为使用黑色，混合模式为正常，不透明度为 100%，然后点击"确定"，给图层 1 填充黑色（图

图 4-54

4–54）。

3. 执行"添加杂色"命令。

执行"滤镜"→"杂色"→"添加杂色"命令，在"添加杂色"控制面板中进行如图4–55所示的设置。

4. 执行"高斯模糊"命令。

执行"滤镜"→"模糊"→"高斯模糊"命令，设置半径为2的像素，如图4–56所示。

5. 执行"阈值"命令。

执行"图像"→"调整"→"阀值"命令，在"阈值"控制面板中调整"阈值"的大小，如图4–57所示。注意"阈值"的大小将决定雨丝的密度。

6. 执行"动感模糊"命令。

执行"滤镜"→"模糊"→"动感模糊"命令，在"动感模糊"控制面板中，设置角度和距离，以模拟雨滴飘落的效果，如图4–58所示。

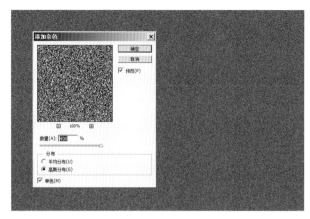

图 4–55

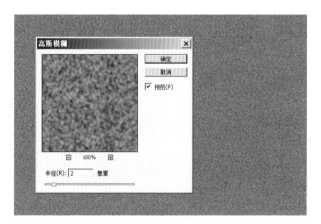

图 4–56

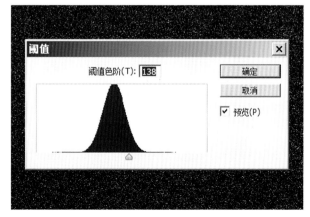

图 4–57

图 4-58

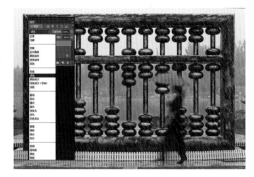

图 4-59

7. 选择图层样式为"滤色"。

在"图层"面板中，选择图层样式为"滤色"，为了使画面更自然，适当降低图层 1 的不透明度，这样就出现了雨丝飘飘的效果（图 4-59）。

第三节 制作雪景效果

下雪了，白絮飘飘，天地洁净，令人陶醉。但是拍摄雪景，却并不容易。利用 Photoshop 软件，却能制作出漫天飞雪的艺术效果图。

图 4-60 《回家的路》 刘江 摄影
尼康 F75 感光度 ISO100 光圈 F11 曝光时间 1/60s 0Ev

修改理由

春运时节，连续几天都是大雪纷飞，这对于返乡的游子无疑是雪上加霜。作者想通过雪景渲染春运气氛，只是原图缺少大雪纷飞的效果（见图4-60原图）。

制作过程

1. 新建一个图层1。

打开原图，先复制背景图层，然后新建一个图层，如图4-61所示。

2. 给图层1填充黑色。

执行"编辑"→"填充"命令，在"填充"控制面板中，设置内容为使用黑色，混合模式为正常，不透明度为100%，然后点击"确定"。给图层1填充黑色，如图4-62所示。

3. 执行"添加杂色"命令。

执行"滤镜"→"杂色"→"添加杂色"命令，在"添加杂色"控制面板中进行如图4-63所示的设置。

4. 执行"高斯模糊"命令。

执行"滤镜"→"模糊"→"高斯模糊"命令，设置半径为12像素，如图4-64所示。需要注意的是，高斯模糊的半径值越大，得到的雪花也就越大。

5. 执行"阈值"命令。

执行"图像"→"调整"→"阈值"命令，在"阈值"控制面板中

图4-61

图4-62

图4-63

图 4-64

图 4-65

调整阈值的大小，如图 4-65 所示，注意，阈值的大小决定雪花的密度。

6. 执行"动感模糊"命令。

执行"滤镜"→"模糊"→"动感模糊"命令，在"动感模糊"控制面板中，设置角度和距离，以模拟雪花飘落的效果，如图 4-66 所示。

图 4-66

7. 选择图层样式为"滤色"。

在图层面板中，选择图层样式为"滤色"，为了使画面更自然，适当降低图层 1 的不透明度，这样雪花纷飞的效果就出现了，如图 4-67 所示。

8. 调整亮度 / 对比度。

执行"图像"→"调整"→"亮度 / 对比度"命令，适当降低雪花的亮度值，使画面更真实自然，如图 4-68 所示。

图 4-67

图 4-68

第四节 制作爆炸效果

拍摄"爆炸"效果，需要设置较慢的快门速度，把主体放在画面中心，并在按快门的同时变焦。成功的画面效果是位于画面中心的主体影像清楚，而周围景物会产生如"爆炸"般呈放射线条状的拖影效果。学员们若想在前期一次拍摄成功，是需要一定摄影功底的。但通过 Photoshop 后期制作来模拟这种"爆炸"效果，从技术上来说就简单多了。

我们学习一下如何通过 Photoshop 制作"爆炸"效果。

图 4-69 《争先》 王俊辰 摄影
尼康 D3S 感光度 ISO100 光圈 F11 曝光时间 1/500s 0Ev

修改理由

将一幅普通画面（见图 4-69 原图）制作成"爆炸"效果，以丰富摄影语言，增加艺术感染力（见图 4-69 效果图）。

关键工具

"径向模糊"滤镜 + 蒙版。

制作过程

1. 复制图层。

打开图片，按快捷键【Ctrl】+【J】，在"图层"控制面板中，复制图层1，如图4-70所示。

2. 给图层1执行"径向模糊"命令。

选择图层1，执行"滤镜"→"模糊"→"径向模糊"命令，在弹出的面板中，选择模糊方式为"缩放"，品质为"好"，数量为30，然后将中心模糊点移到右上部分，对应马的面部，然后单击"确定"，如图4-71所示。

图 4-70　　　　　　　　　　图 4-71

3. 给图层1添加蒙版。

图 4-72　　　　　　　　　　图 4-73

点击"图层"控制面板下方的"添加图层面板"按钮，添加蒙版后的图层1效果如图4-72所示（图中图层1位置红圈所示），然后在工具栏中选择画笔工具（如图4-72中2位置黄圈所示），在工具栏中将前景色设置为黑色，背景色设置为白色（如图4-73中3位置黄圈所示）。

4. 利用画笔巧妙涂抹。

在工具属性栏内或通过按键盘上的括号键来控制画笔大小，结合调整画笔不透明度和流量(在工具属性栏内),在需要清晰的马面部上进行逐步涂抹,马的面部就逐渐清晰起来,涂抹次数越多,影像越清晰,直到整个画面达到理想的"爆炸"效果为止。

第五节 制作动感效果

拍摄高速运动的被摄体常用两种方法:一是设置高速快门,通过凝固精彩瞬间来表现动感;二是设置较低快门,运用"追随法",使运动主体清晰,而静止的背景呈线条状拖影,形成动静对比关系。这两种表现动感的方法,第一种相对简单,第二种如果没有一定的摄影功底,很难一次拍摄成功。当然,Photoshop 的功能非常强大,我们完全可以在后期制作中模拟出"追随法"动感效果。

图 4-74 《风驰电掣》 王俊辰 摄影
尼康 D3S 感光度 ISO100 光圈 F11 曝光时间 1/400s 0Ev

修改理由

将一幅普通摄影画面运用"追随法"制作出动感效果,形成动静对比关系,增加画面视觉冲击力。

关键工具

"动感模糊"滤镜 + 蒙版。

制作过程

1. 复制图层。

图 4-75   图 4-76

　　打开图片，按快捷键【Ctrl】+【J】，在图层控制面板中，复制图层 1，如图 4-75 所示。

　　2. 给图层 1 执行"动感模糊"。

　　选择图层 1，执行"滤镜"→"模糊"→"动感模糊"命令，在弹出的面板中，设置角度为 -41 度，距离为 438 像素，此时画面便具有强烈的动感效果，如图 4-76 所示。

　　3. 给图层 1 添加蒙版。

　　点击图层控制面板下方的"添加图层面板"按钮，添加蒙版后的图层 1 效果如图 4-77 所示（图中 1 位置红圈所示），然后在工具栏中选择画笔工具（如图 4-77 中 2 位置黄圈所示），在工具栏中将前景色设置为黑色，背景色设置为白色（如图 4-77 中 3 位置黄圈所示）。

　　4. 利用画笔巧妙涂抹。

　　在工具属性栏内或通过按键盘上的括号键来控制画笔大小，结合调整画笔不透明度和流量（在工具属性栏内），在需要清晰的马的面部上

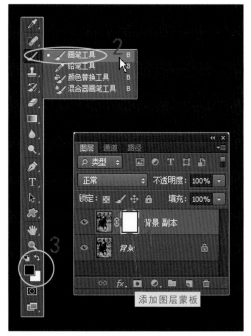

图 4-77

进行逐步涂抹，马的面部就逐渐清晰起来，涂抹次数越多，影像越清晰，直到整个画面达到理想的动感效果为止（图4-78）。

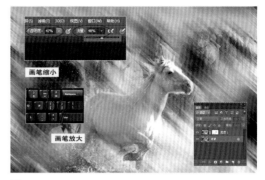

图 4-78

第六节 制作光束效果

光线穿透云层、丛林或窗户时，常常会产生一道道戏剧性、令人心情激动的美妙光束，这就是所谓的"丁达尔现象"。我们在拍摄景物时，特别希望能够出现丁达尔现象，但它往往是可遇不可求的。

图 4-79 《故乡的那盘碾》 刘江　摄影
佳能 5D MarkII 感光度 ISO400 光圈 F7.1 曝光时间 1/40s −0.3Ev

我们可以通过 Photoshop，制作出"丁达尔"效果，为画面增添艺术氛围。

修改理由

画面比较普通，如果能在后期制作出光束效果，画面的艺术性就会大大增强（见图 4-79 效果图）。

关键工具

制作光束的关键工具为"径向模糊"，执行"滤镜"→"模糊"→"径向模糊"命令，就会弹出"径向模糊"的控制面板，如图 4-80 所示。

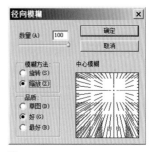

图 4-80

1. 数量：数量越大，调整效果越明显。

2. 模糊方法：旋转，如同旋涡效果；缩放，如同爆炸效果。

3. 品质：建议选择"好"或者"最好"。

4. 中心模糊：把鼠标放在中心模糊缩略图内，拖动鼠标便能改变中心点的位置。

制作过程

1. 选取天空亮部。

执行"选择"→"色彩范围"命令，在弹出的面板中，使用"取样颜色"吸管单击天空高光点，然后将"颜色容差"调到 20。在缩略图中可以看到已把天空亮部选中了，单击"确定"，进行下一步操作，如图 4-81 所示。

图 4-81

2. 把选区复制到一个新图层。

观察图层控制面板，执行【Ctrl】+【J】命令，就把选区复制到图层 1，如图 4-82 所示。

3. 给选区做光束效果。

图 4-82

图 4-83

图 4-84

图 4-85

在图层 1 中，执行"滤镜"→"模糊"→"径向模糊"命令，在弹出的控制面板中，选择模糊方式为"缩放"，品质为"好"，数量为 100，然后将中心点移到右上部分，单击"确定"，选区就被制作成光束效果，如图 4-83 所示。

4．调整光束方向。

在图层 1 中，执行【Ctrl】+【T】命令后，图层 1 被一个封闭的框选中，然后单击鼠标右键，在弹出的菜单内选择"垂直翻转"，使光束的方向垂直翻转，如图 4-84 所示，然后进行下一步操作。

5．进一步调整光束方向。

把鼠标放在选框的任意一角上，拖动鼠标进行拉伸、旋转，然后使用"移动工具"将光束放在画面合适的位置上，双击鼠标确定，然后进行下一步操作，如图 4-85 所示。

6．让光束效果更自然。

执行"滤镜"→"模糊"→"高斯模

图 4-86

图 4-87

图 4-88

图 4-89

糊"命令，在控制面板中将半径设置为10，然后单击"确定"，光束就显得柔和自然了，如图 4-86 所示。

7. 修整光束。

①在图层控制面板中，给图层 1"添加图层蒙版"；

②在工具箱中，将"前景色"设置为黑色；

③在工具箱中，使用"画笔工具"；

④在画笔工具属性栏中，调整画笔不透明度；

⑤在画笔工具属性栏中，调整画笔流量；

按中（大）括号键调整画笔大小，然后将不自然的光束涂抹掉，如图 4-87 所示。

8. 制作局部光照效果。

在工具箱中选择"减淡工具"，在工具属性栏中将曝光度调整为41%，在光束照射下来的地方进行涂抹，如图 4-88 所示。

9. 强化光束效果。

在图层控制面板中，将图层 1 的不透明度适当降低，然后对图层 1 进行两次复制，光束就被强化了，如图 4-89 所示。

操作提示

复制次数越多，光束效果就越强烈。

第七节 各种滤镜效果

在 Photoshop 的滤镜菜单中，有许多内置滤镜，如"风格化"滤镜、"模糊"滤镜、"扭曲"滤镜，"锐化"滤镜等，而且每种滤镜又包含了下一级滤镜选项。Photoshop 除了自带的这些滤镜外，还有许多滤镜插件（外挂滤镜）可以下载安装，比如"线之绘"滤镜、"水波倒影"滤镜、"高光消除"滤镜、"胶片效果"滤镜、"拼图效果"滤镜、"添加纹理"滤镜等。滤镜的功能很强大，不同的滤镜，会产生不同的效果，尝试使用这些样式繁多的滤镜，你可以轻易地制作出千奇百怪、令人捧腹的艺术效果。

例一　制作"油画效果"

图 4-90 《色达五明佛学院》 暴福林　摄影
佳能 5D MarkII 感光度 ISO 200 光圈 F11 曝光时间 1/30s +0.3Ev

在 Photoshop CC 中，有"油画"滤镜，打开一张图片，使用"油画"滤镜，通过调整画笔和光照各选项，可以制作出不同风格的"油画"效果，如图 4-90 所示。

例二 "线之绘"滤镜效果

下载"线之绘"滤镜，并安装在 Photoshop 中，运用"线之绘"滤镜，选择"Glow100"，再通过调整线条的锐化、宽度、影响半径、扩散程度和明暗等选项，就可以产生独特的"火花"效果，如图 4-91 所示。

图 4-91 《倾国倾城》 孔玉 摄影
尼康 D7000 感光度 ISO200 光圈 F8 曝光时间 1/45s 0Ev

制作过程

1.使用"线之绘"滤镜。

打开原图，执行"滤镜"→"线之绘"命令，在弹出的面板中，选择"Glow100"，然后调整线条的锐化、宽度、影响半径、扩散程度和明暗等，效果满意后点击"对勾"，如图4-92所示。

2.调色。

执行"图像"→"调整"→"色相/饱和度"命令，调整色相以适当改变孔雀颜色，并适当增加饱和度，适当增减颜色的鲜艳程度即可，如图4-93所示。

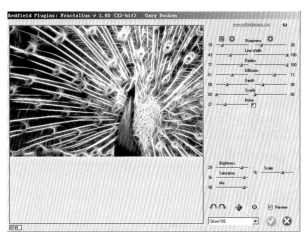

图4-92

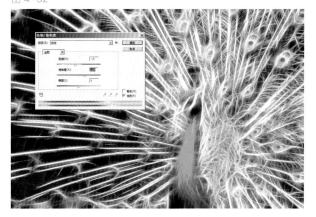

图4-93

思 考

1.制作暗角效果的关键工具是什么？

2.制作爆炸效果的关键工具是什么？

练 习

在Photoshop中打开一张照片，尝试选用滤镜菜单中的各种内置滤镜，如"风格化"滤镜、"模糊"滤镜、"扭曲"滤镜、"锐化"滤镜等进行调整，然后观察每种滤镜的效果，写出制作心得。

·AFTERWORD

后 记

不久前，我接到浙江摄影出版社余谦老师的电话，他说全国老年大学急需一本适合老年大学教学特点的摄影后期制作教程，看我能否编写并尽早完成。还没等余老师把话说完，兴奋的我便胸有成竹地答应了。

编写老年大学摄影后期制作教程，着实令我感到欣喜和振奋，原因有三：首先，我一直从事老年大学摄影"PS"的教学工作，而且历经多年，在"教什么，如何教"的思考和实践中，我实实在在地摸索出许多高效的教学方法，并愿意将这些教学经验分享给社会；其次，经过多年的教学实践，我认为，老年学员对"PS"的理解和掌握并不难，难就难在没有一本适合他们学习的专业教程，所以编写这么一本由浅入深、内容实在的后期制作教程正是我多年期盼的梦想；其三，我把时间看得较重，我确实想趁着精力充沛、年富力强的时光，切切实实地做点有意义的事。

"一言既出，驷马难追。"我快马加鞭、废寝忘食、夜以继日地编写书稿。春去冬来，我克服了种种困难，终于顺利完成了我的第二本书，再一次梦想成真。这一梦想的实现，离不开老师和朋友们的支持和帮助，他们是山西大学商务学院赵新平老师、山西老年大学薛梅老师、《人民摄影》报社长（总编辑）李涛老师、山西野狼户外俱乐部胡宝利老师、晋中市工商局邱兴文老师及家人、晋中市人大冀致明老师及夫人魏红霞老师、山西文水国税局游程明老师及夫人王翠兰老师、山西中华联合财险马德富老师和姚歌玲老师、北京市中铁物贸徐新荣老师、晋中市拍卖行总经理赵徐宏老师、山西阳泉市老年大学李宝震老师、黑龙江摄影家王永利老师；还有山西摄影家范乃文、王太、李眠晓、张红兵、范晓莉、张韶萍、杨伍喜、庞玉锁、暴福林、霍翠梅等诸位老师；上海摄影家朱新国、魏海平两位老师；我的大学同学邸益民、张建华、盛艳霞，以及我的学生暨好友周晓宁、陆扬、孔玉等。

感谢新西兰华人摄影学会对我在编写本教程中所给予的大力支持，学会的邱钢、梁启贤、吴国华、唐炽辉、黄志华等老师积极为本教程提供了优秀作品，使本教程内容更加精彩。感谢浙江摄影出版社对我的信任，为我搭建了这么一个广阔的平台，让我在运用浅薄学识的过程中得到进一步升华，尤其是余谦老师一次次的殷切鼓励，让我更加充满信心。

师恩如山，我要特别感谢多年来一直栽培我的李凯文、王俊辰、王修筑三位老师，他们的谆谆教诲永远铭刻在我的心中。

在编写教程的这一年里，我牺牲了节假日回老家和父母团聚的时间，减少了平日里和妻子聊天的时间，缩短了周末陪孩子玩耍的时间。父母的理解、妻子的支持和孩子的乖巧，无不令我感到温暖，也是我努力工作的强大动力。

教程的编写和出版，有助于老年大学学员更好地学习和掌握摄影后期制作的基础知识和基本技能，使摄影后期制作技术不再那么难懂和难学，使广大老年摄影学员都能成为摄影后期制作高手，从而提升摄影创作水平，丰富业余文化生活，让退休生活更加多姿多彩。这便是我编写教程的初衷。

随着教学经验的进一步提升，我将继续完善教程内容，也希望所有的老师和朋友一如既往地鼓励和支持我。

刘 江

2016年1月

责任编辑：余　谦
装帧设计：任惠安
责任校对：朱晓波
责任印制：朱圣学

图书在版编目（CIP）数据

老年大学摄影后期制作教程 / 刘江著. --杭州：浙江
摄影出版社，2016.4（2021.5重印）
　ISBN 978-7-5514-1400-5

　Ⅰ.①老…　Ⅱ.①刘…　Ⅲ.①图象处理软件—老年大

学—教材　Ⅳ.①TP391.41

　中国版本图书馆 CIP 数据核字（2016）第 048192 号

老年大学摄影后期制作教程
刘　江　著

全国百佳图书出版单位
浙江摄影出版社出版发行
　　　地址：杭州市体育场路 347 号
　　　邮编：310006
　　　网址：www.photo.zjcb.com
　　　电话：0571-85151082
经销：全国新华书店
制版：浙江新华图文制作有限公司
印刷：浙江新华印刷技术有限公司
开本：710 毫米×1000 毫米　1/16
印张：14.25
2016年4月第1版　　2021年5月第5次印刷
ISBN 978-7-5514-1400-5
定价：49.00 元